U0293345

立体白玉绗缝技法全书

技法、作品和纯粹的灵感

〔英〕希尔维亚·克莉切特　著

Miss葵　译

河南科学技术出版社

·郑州·

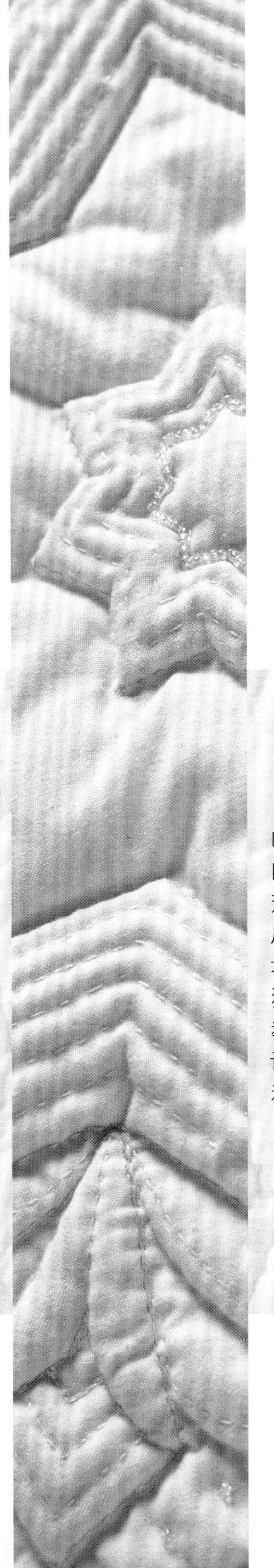

献　词

谨以此书献给长期包容我的丈夫罗恩，四十多年来，他承担了我作为一名繁忙的设计师和教师而抛给他的所有生活琐事。

还有我可爱的女儿莎朗和丽莎，你们在我创作本书的过程中给予我持续的鼓励、耐心和爱，我要向你们表示感谢。还有我可爱的外孙鲁克、杰克和外孙女伊西斯，你们的到来壮大了我们的家族，并且给我们的生活带来了很多喜悦和乐趣。而我的女婿安东尼和西蒙也已经不知不觉地成了他们“古怪的”岳母的生活的一部分！感谢你们的付出。我爱你们！

还有很多人，在我的整个人 生中帮助过我并且始终支持我——过去和现在。这本书献给你们！

序

我与希尔维亚相识，是早年间在布罗姆利成人教育中心的城市行业协会拼布绗缝课上，当时我是她的辅导老师。她向同学们展示了她广泛的能力和艺术技巧，以及她对学习的热情，她的想法和作品设计总是最具有创意的。通过这诸多成就，她在拼布领域中树立了自己的专业地位，尤以嵌线和填充技法知名。我曾在很多拼布展和活动中见到她展示自己独特的绗缝方法。她在全国范围内开讲座、举办研习班，进行教学，鼓励人们享受绗缝的乐趣。她在国家级的展会上担任协调评审员，并且在杂志上发表了大量文章。她把所有这些才能和技艺都融入本书之中，阐释了缝制的乐趣。

帕特·索尔特

帕特·索尔特最著名的是将拼布引入教育体系并开展试点课程，以及在城市行业协会的拼布课程认证、首次远程学习课程项目设计方面做出的贡献。她是一位职业的拼布大师、展会评委和讲师，对实验技法和手工艺的发展和创新有着特别的兴趣。

希尔维亚·克莉切特，在伦敦大学金史密斯学院接受了艺术和纺织方面的培训。多年来她一直教授拼布、绗缝、人体素描、织物印花、绘画、雕塑、刺绣以及各种纺织相关课程。自1997年以来，希尔维亚一直在国家级绗缝比赛中担任评审；2001年1月，她被任命为格罗夫纳展览公司的评审协调员。2004至2012年间，希尔维亚在创作纺织类作品和为国家级杂志撰写文章的同时，还担任了《制作（Fabrications）》杂志的项目协调员。自1997年她在国家级拼布比赛上做展示以来，她还作为拼布专家受邀在英国及海外的重要拼布比赛和展会上举办研习班。你还可以在justhands-on.tv电视网站上看到希尔维亚的信息，这个网站是英国最著名的拼布、绗缝和纺织艺术品电视网站。YouTube上也收录有希尔维亚的信息。

这是一件20世纪20年代的桃色绉纱家居长袍的细节。它来自意大利，是玛利亚-路易莎·博尔多里送给作者的。这个作品的特色是意大利式绗缝，是玛利亚-路易莎的母亲亲自为她设计并制作的嫁妆

致 谢

非常感谢吉尔·拉思伯恩慷慨地付出时间，帮我检测了那么多的纸样，以至于都影响了她自己今年的拼布创作。还要感谢苏·欧文、安妮塔·加洛和瓦尔·克鲁克斯，如果不是她们帮忙缝制，我不可能按时完成这些作品。感谢我的绗缝小组——希望拼布之家，她们不仅在我写作本书的过程中给予我鼓励，而且在创作灵感相关章节帮我完成了部分缝制。

由衷地感谢我的拼布友人苏·欧文、克莉丝汀·帕克、安妮塔·加洛、吉恩·维泽里克、森·阿尔皮诺和芭芭拉·考克斯，她们好心地把自己的绗缝被借给我拍照。还要感谢我的朋友安妮·萨默海斯，她总是陪伴在我身边，愿意尝试我那些古怪的绗缝创意。

感谢帕特·索尔特和黛娜·特拉维斯，是她们首次向我介绍了白玉绗缝技法。

还要感谢玛利亚-路易莎·博尔多里送的礼物，那是一件她妈妈做的意大利式绗缝长袍，我会非常珍惜；还有来自林肯郡的简，她送给了我她妈妈做的意大利式绗缝抱枕套装。

特别感谢金·肖恩把精美的原创白玉绗缝作品借给我。

感谢罗迪·佩恩在拍摄过程中的耐心和投入，以及他令人惊叹的摄影技术。还要感谢小奥兹在整个过程中的帮助！

感谢格罗夫纳展览公司的罗杰·库林，谢谢他多年来一直支持我，并且允许我在英国各地展示我的技法。

感谢艾玛·库琳（原任《制作（Fabrications）》杂志编辑）在我们多年的共同工作期间给予我的鼓励和信任。感谢瓦尔·内斯比特和她在justhands-on.tv（译者注：一家手工视频网站的名字，网址https://www.justhands-on.tv）的团队对我的鼓励以及对我在世界各地所做活动的推广。

最后，我还要感谢卡蒂·弗朗西、贝基·沙克尔顿和搜索（Search）出版社的团队，感谢他们给予我的信任以及把我的想法变成现实——我永远感谢你们。

目录

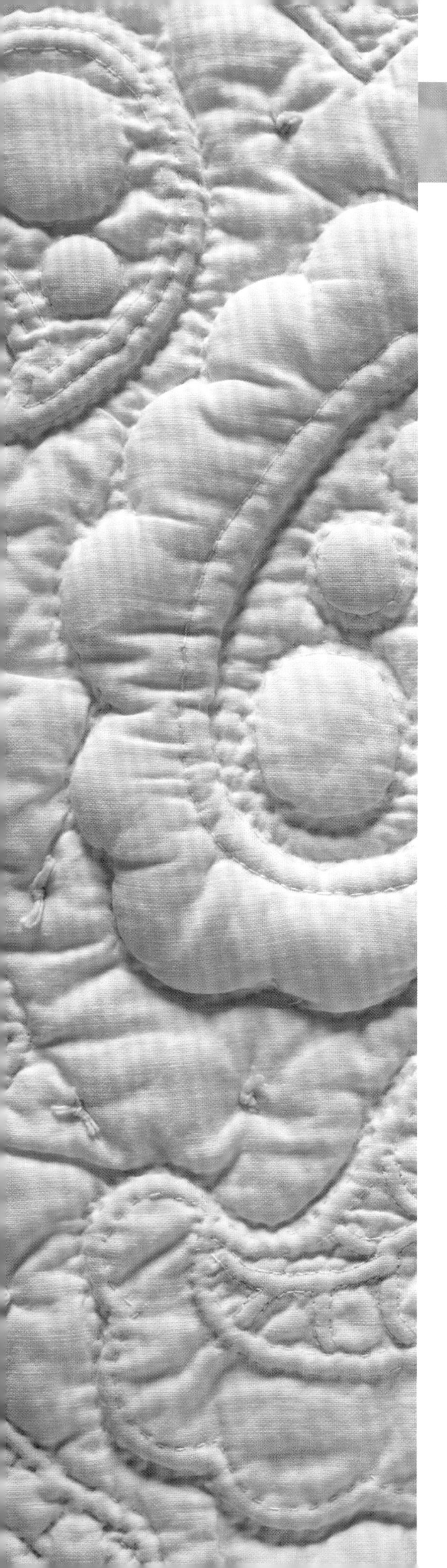

介绍

已经记不清多少次有人问我是否有一本带着我个人鲜明特色的技法书。还有很多人问我："这就是白玉绗缝吗？"或者对我说："这看起来太复杂了，我永远不可能掌握它！"我希望这本书能够回答你的问题，并且鼓励你走上自己的创作之路。

当时我并不知道，我制作的那个21cm×30cm的用来演示意大利式绗缝、凸纹提花绗缝和法式白玉绗缝综合应用技法的教学样品，居然会成为我事业中一个重要的里程碑（参见左右图片，以及第124页全景图片）。当我最初完成它时，我看到了它成为一个抱枕图样的潜质，我原计划先将其镜像旋转后看看效果，我经常在课堂上用这句话鼓励学生们探索自己的想法。但这个抱枕最终也没有做出来。对新技法综合运用的好奇占据了上风，所以取而代之的是作品《交响曲2000》，这是一个双人床尺寸的绗缝被，也是从当初那个教学样品演变而成的一款作品（参见第124~125页）。

我亲手制作的绗缝作品《感谢你，查理》于1996年展出后，获得极大成功，之后我被邀请在1997年格罗夫纳国家拼布展上做现场演示。于是我需要在展会上做些东西，那么有什么比制作一个新的绗缝被更合适的呢？这次的绗缝被在技法方面将会有很大不同，但仍然全部由手工缝制而成，而且最理想的就是要便于我随身携带。我决定用"自在缝"的方法来制作，先做好中心部分的图案，然后增加边框，那么到时它将是一个脱离于自在缝区块的全新存在。

1998年初的一个展会上，当我正在缝制中心部分的时候，有人问我需要耗时多久才能完成，我愚蠢地回答："它会是我的千禧被！"由于我一直在教学，包括晚上和一些周末，所以做出这样轻率的声明真是有一点傻。时间过得比我预期的更快，1999年了，最后期限即将到来，而我才仅仅完成了中心部分和第一圈边框，并且我还在继续研究设计最外圈的边框，实在没有办法按时完成了，我只好选择在这个阶段就收工，计划日后再增加边框。不用说，剩余边框至今还在等待我添加上去。虽然"今日事，今日毕"这句话经常萦绕在我心头，不过我仍然认为，在不久的将来，我总会将剩余那些边框加上去的！

那时我教的几个学生想知道他们是否可以尝试我所使用的技法，于是在我的指导下，他们开始制作自己的绗缝被。后来，他们制作的作品和我的作品一起应邀在2000年春季拼布展上展出。当时我在现场解释所使用的技法，并且现场演示了一个小作品——来自我的绗缝被一个角落的图案。命运的安排真是神奇，后来我将这个图案做成了抱枕《象牙白的灵感》，它随即被《手艺之美》杂志载入春季副刊，即《"象牙白的灵感"：嵌线和填充——不同凡响》，并取得了巨大的成功。

公众反响强烈而积极，在大家的要求下，我主讲的研习班和其他学习模式发展到全英国，甚至还传到了美国和西班牙。当时，我并不知道我的绗缝技法会怎样发展，十年之后它是否还能像曾经那么流行。我想我只是恰巧在合适的时间把与众不同的手缝技法带到了拼布展而已。20世纪90年代后期，机缝压线大行其道，成为拼布和绗缝世界里最新颖的技法，机器压线不可接受的时代已经远去，时尚就是这样善变与矛盾！很多绗缝被由机器过量加工生产出来，传统手缝黯然退场。我游遍英国各地，很多人向我诉说手工拼布人没有创新，在当下机器盛行的时代他们觉得受到了冷落，从某种程度上来说的确如此。我的解决方案是，看一看之前发生了什么，回顾并进行改革创新，然后勇敢地去尝试。

我恢复使用的技法此前几乎要消失了。意大利式绗缝曾经持续流行至20世纪60年代中期。这种绗缝技法通常采用色彩鲜艳的绸缎缝制，成品是手帕、睡衣、抱枕或者床笠。但随着纸巾的受欢迎程度逐渐上升，以及很多女性生完孩子后就开始全职工作，对这些物品的需求也逐渐消失，耗时的手工缝制技术也就失宠了。幸而絮料（铺棉）从美国传来，它改变了传统绗缝，又给绗缝工艺带来了新的发展。

是什么让我的作品与众不同？我使用的所有技法都是传统技法，但我赋予了它们全新的内容——改进传统，简化过程。我把技法结合起来，又增添了传统英式绗缝技法与嵌线技法，融合在一起后加上额外的装饰，使作品呈现出极其复杂的立体感和纹理效果，但实际上却非常容易制作，从某种程度上来说，这是由线痕产生的视觉错觉。至今我已在英国乃至整个欧洲，以及美国各地演示我的立体绗缝技法多年。我教授并且享受拼布和绗缝的所有乐趣，对这项技法的热爱从未减弱，我也在持续创作新的设计和图样，并且在这项技法的基础上探索各种变化。更多的想法在脑海中浮现，开发和试验迫在眉睫……保持研究和创新，这是我非常重要的日程。

最后我还要赘述一件事，注意这项工作完全能让人上瘾，所以当土豆熟过头糊在锅底、胡萝卜变成奇怪的棕色且味道诡异时，千万不要怪我！相信我，你的家人会习惯的！

希尔维亚

Sylvia

左右两侧的图片，展示了我的佩斯利旋涡花纹设计，它激发了我对白玉绗缝和针法技巧的新灵感。另请参见第124页

基础技法

我所使用的绗缝技法，其历史都可以追溯到中世纪。在世界各地发现很多古老的绗缝作品，有些保存在博物馆里并且品相完好，说明它们曾备受珍视，可能作为传家宝，或者为贵族所拥有。我的立体绗缝设计综合运用了几种主要的传统技法——凸纹提花绗缝技法、意大利嵌线绗缝技法、法式嵌线技法（这是我在法式白玉基础上做的改良）和英式绗缝技法。其他与作品相关的附加技法，必要时我会予以介绍。为了真正领会这些技法，你最好能熟悉每一种技法的传统形式，我曾经在一个设计中展示了包含所有这些技法的制作效果。虽然这听起来有些复杂，但做起来非常简单。只要你会平针缝，就可以完成。每种技法都可以单独运用，也可以与其他技法结合使用。我将用我的针插作品《独奏》来演示除了法式白玉绗缝以外的其他所有技法。

◀ 凸纹提花绗缝（Trapunto）
这是通过在图案中创建口袋或者独立的形状来完成的，它需要从背景中抬高凸显出来（另请参见第10页）。

▶ 意大利式绗缝（Italian quilting）
此图中，线条以平行双线缝制，以便为穿入纱线留好通道（另请参见第11页）。

▲ 法式白玉绗缝（*Le boutis*）
上图展示的是一个典型的法式图案的中心细节。该设计的每个区域都是用棉线和纤维嵌入并填充。这个设计图案是双面的（另请参见第12、13页）。

▲ 法式嵌线（French-style cording）
这是我个人版本的法式白玉，从前面看起来似乎一样，但是它并不需要是双面的（另请参见第14页）。

▲ 英式绗缝（English quilting）
将一块絮料（铺棉）夹在两块布料之间，通过压线缝合在一起（另请参见第15页）。

► 综合技法
这是我的设计《独奏》，它运用四种技法制作而成（凸纹提花绗缝、意大利式绗缝、法式嵌线和英式绗缝），呈现出很强的立体感，完成后的作品还有纹理效果。图片中左半部是已经完工的样子，右半部是还差最后一道压线工序的样子。

凸纹提花绗缝

有时它也被称为填充技法，用来在绗缝过的面料上增加立体感——形成蓬松、具有独特浮雕纹理的装饰特色。这种高凸浮雕效果至少需要两层布料来完成；先用平针缝缝出图案的轮廓，再从下面填入人造纤维或天然纤维。

所需材料

- 平纹棉布，作为作品前片（正面）
- 英国平纹薄棉布（薄纱棉布）或较好的低支布，作为作品背布
- 玩偶填充棉（或细碎的絮料/铺棉），用以抬高图案
- 缝纫线
- 镊子或填充棒
- 小剪刀

如何制作凸纹提花绗缝：在前片正面画好图案，选择细薄的低支布作为背布，将两片布料粗缝（疏缝）在一起。用细密的针脚沿着画线进行平针缝，两层布料都要穿透。缝过的区域就形成了一个个小口袋。把作品翻到背面，准备进行下一步。拆除已缝好区域的粗缝（疏缝）线。在每一个小口袋形状的中心剪开一个小孔，仅穿透背布和部分纤维，小心不要穿透前片。将填充棉梳理成小撮小撮的，利用填充棒或镊子小心地填入图形中。必要的话，用对针缝或人字缝将小孔缝合，防止填充物掉出。不要把线拉得太紧，否则会使成品扭曲变形。作品正面的图案会轻微凸起，并形成阴影。用同样的方法填充剩下的口袋。当作品图案不适合包含双线时，此技法可适用于模糊或独立的形状中。

术语介绍

凸纹提花绗缝（Trapunto），这个英语单词在意大利语中源自“trapungere”（即绣花），在拉丁语中源自“pungere”（即针刺）。

作品正面的浮雕效果。因凸起形状形成的阴影清晰可见

作品背面有一些小孔，用人字缝缝合

意大利式绗缝

它也被称为嵌线技法，在1920至1925年间的意大利服饰界非常流行。

作品正面

所需材料

- 平纹棉布，作为作品前片（正面）
- 英国平纹薄棉布（薄纱棉布）或较好的低支布，作为作品背布
- 绗缝羊毛纱线（译者注：与国内网络上销售的日本产白玉填充专用线并不相同，具体照片可参见第30页），或者其他合适的毛线，用以填入通道和抬高图案
- 缝纫线
- 粗眼圆头针，用以穿入羊毛纱线

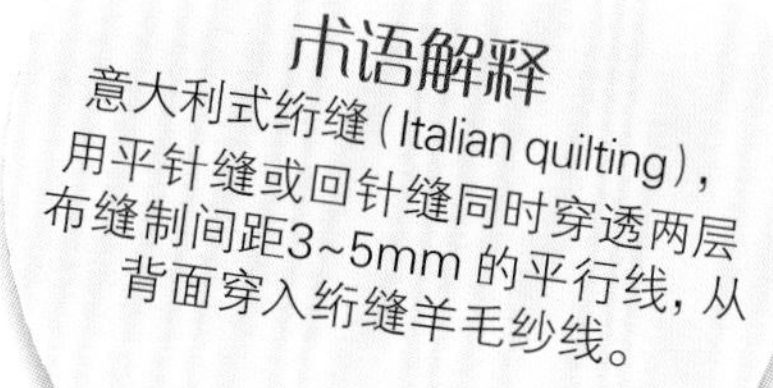

术语解释

意大利式绗缝（Italian quilting），用平针缝或回针缝同时穿透两层布缝制间距3~5mm 的平行线，从背面穿入绗缝羊毛纱线。

如何制作意大利式绗缝： 将图案用双线描画于前片正面，添加低支布作为背布，将两层布料粗缝（疏缝）在一起。沿所有画线缝制细密的平针缝针脚，这将形成通道。拆除已缝好区域的粗缝（疏缝）线。把作品翻到背面，用粗眼圆头针穿入一段50cm长的绗缝羊毛纱线。将前片和背布分离开，用针在背布上戳一个足够让羊毛纱线可以穿入通道的小孔，将羊毛纱线引入通道。大约每间隔5cm从通道中出针，轻轻地拉引羊毛纱线，然后再把针从原来的出针孔处穿回，继续将羊毛纱线引入通道。在每一个出针孔处留一个小小的线环。沿着通道完成整个图形的嵌线。每一条通道的起点和终点都留一个大约5mm长的短线尾，其余的羊毛纱线剪断。这是为羊毛纱线在洗涤时遇水而缩所做的预留。继续按此方法填充直至所有通道都被填满。

使用预缩过的羊毛纱线，可以看到背面的小线环和线尾

关于留线尾和线环的一般性建议

线尾： 留在每一个通道的起点和终点处，以及羊毛纱线用尽须重新接入时，留大约5mm长。

线环： 应用于曲折的图案。从通道里拉出毛线，再从原来的出针孔处穿回，留5mm线环在背面的平纹薄棉布（薄纱棉布）上。图案的角和拐点也要留线环，这将会在正面产生非常好的尖角效果，防止作品出现空角现象。在长段的连续图案中，应当每12cm留一个线环，除非你使用的是已经预缩过的羊毛纱线，这样你就只需要在图案的角和拐点留下线环，“山尖和谷底”是帮助你记住线环应该留在哪里的指南。

这个20世纪50年代的半成品意大利式绗缝抱枕套件是此技法的典型案例。在粗糙、细薄的背布上，热转印图案清晰可见。你还可以在作品的背面看到大量为收缩预留的线环

法式白玉绗缝

也被称为法式嵌线、马赛绗缝或马赛刺绣。法式白玉绗缝起源于15世纪的法国普罗旺斯地区，当地将这种高档的丝绸缝制品出口到英国和欧洲其他地方，供给皇室和贵族。到17、18世纪，华丽的、精心设计的白玉床罩、绗缝被和防溢巾成为该地区的主要出口产品，从而消化了大量的优质白色棉布，透明平纹布或细薄布也大量从印度进口，五千名左右女工被法国工厂雇佣。这里展示的传统法国样品大概是1890年制作的，购于马赛北部的尼姆斯市场。

所需材料

- 两块相同尺寸和类型的白色棉布
- 白玉填充专用棉纱线
- 缝纫线
- 粗眼圆头针

术语介绍

法式白玉（*Boutis*）是普罗旺斯当地词汇，指高凸浮雕嵌线和绗缝的衬裙、床罩，同时也指用来在通道中穿线的圆头针。

如何制作法式白玉绗缝：将两层布料粗缝（疏缝）在一起。将图案描画于作品的一面，所画图案线条要创建出大约3mm的平行通道，这些线条可能是直线，也可能是曲线。通常，整个背景都会被这些线条覆盖。用合适的缝纫线和细密的针脚沿图案线条缝制通道。确保针脚在作品两面完全相同，因为作品是双面的，背面和正面同样重要。翻到背面，在针上穿好棉纱线，小心地分离通道的两层布料，接下来用棉纱线填充所有通道。每一条通道的终点处，尽可能靠近布料剪断棉纱线，然后把布料纤维理顺。不必留下线环或线尾，因为棉纱线不需要预留缩量。再次将布料分离开，用棉线碎屑或棉芯填充图案的其他区域，填充完毕，像之前那样隐蔽地缝好小孔。如此整个作品表面会呈现多元化的浮雕图案。漂亮复杂的设计通常还会镶上荷叶边或手工抽褶的英格兰刺绣花边。

尤为精美的手工英格兰刺绣花边是这个褶皱边缘的特色

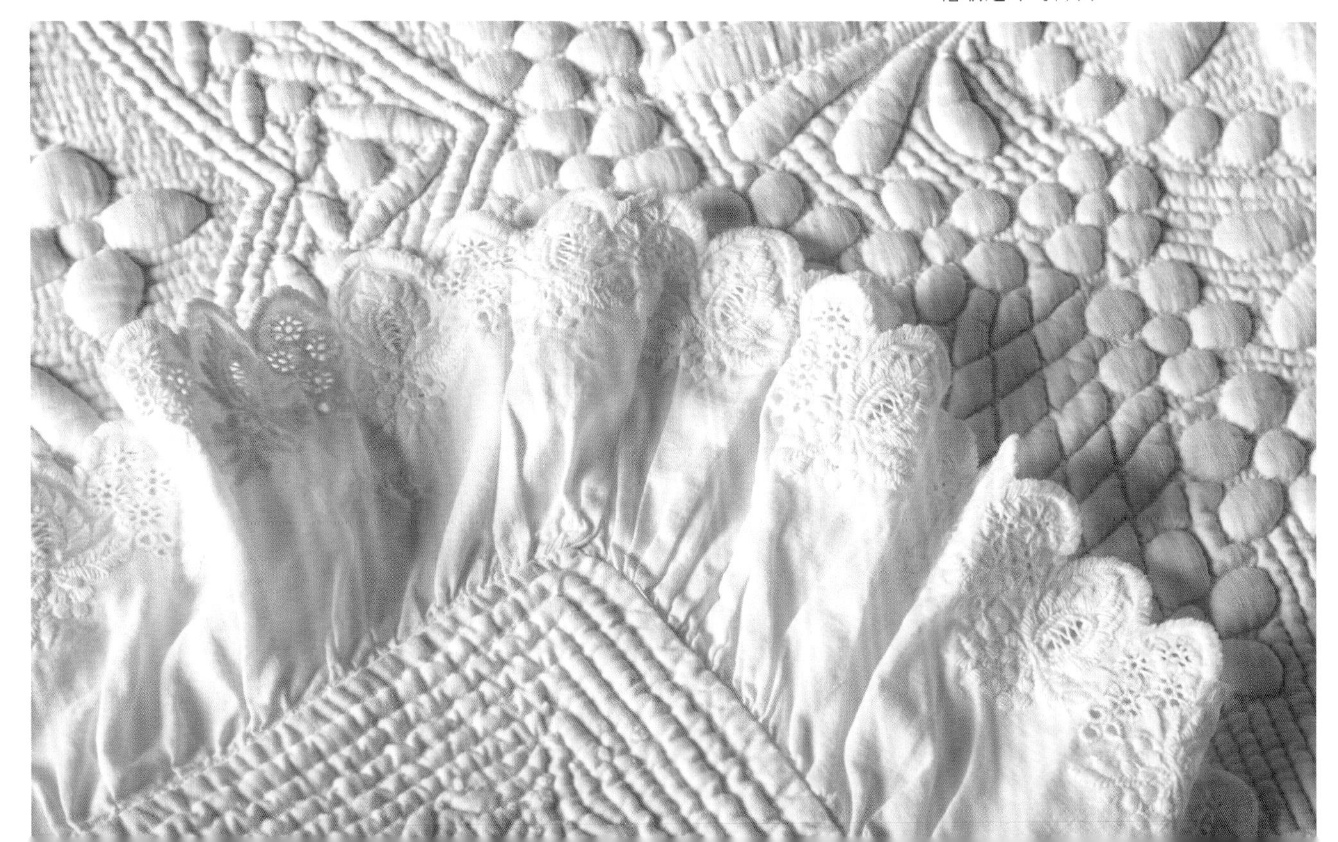

这里你可以看到作品全貌。这个法式白玉作品是一个防溢巾—— 一个小的绗缝盖毯，用来防止怀抱婴儿时其口水或其他呕吐物弄脏衣服。这是金·肖恩好心借给我的

这张照片的近景是作品背面细节，右上角是作品正面

法式嵌线

这是我个人版本的法式白玉。因为我发现法式白玉绗缝虽然非常有吸引力，但也极为耗时，属于高强度的劳动成果。出于这个原因，虽然我非常尊重这种风格的法式绗缝，但我并不打算大面积使用这种技法。我选择从视觉上再造这种风格（但不必追求双面效果），再应用我处理背面覆盖图的经验，我使用了意大利式绗缝技法，只是要加入更多的线条来完全覆盖图案区域。我将这种技法命名为“法式嵌线”，因为它并不是真正的法式白玉，只是正面的视觉效果像是模仿了这种风格。

如何制作法式嵌线：在前片正面描画图案，但须加入更多线条形成额外的通道才能覆盖整个背景图案——我喜欢用美纹胶带来确保线条间隔均匀。把低支布作为背布，将两层布料粗缝（疏缝）在一起。沿所有画线缝制细密的平针缝针脚，确保缝好每一条线，这样通道之间才不会有空隙。拆除粗缝（疏缝）线，从背面开始制作，将羊毛纱线穿入每一条通道，直至所有图案都被填满（参见第11页意大利式绗缝），如同意大利式绗缝一样留下线环和线尾。

所需材料

- 平纹棉布，作为作品前片（正面）
- 英国平纹薄棉布（薄纱棉布）或较好的低支布，作为作品背布
- 绗缝羊毛纱线，或者其他合适的毛线，用以填入通道和抬高图案
- 缝纫线
- 粗眼圆头针，用以穿入羊毛纱线

作品正面，每一条通道都已穿线完毕

作品背面。我使用的是预缩过的羊毛纱线，它只需要留较小的线环和线尾

英式绗缝

大部分人都对这个技法比较熟悉，但我仍然把它囊括进来了，以防有些初学者制作作品时参照。现代绗缝根据不同用途使用各种各样的纤维作为絮料（铺棉）。

如何制作英式绗缝：在一块布的正面描画图案，再把布正面朝上放在絮料（铺棉）的上面，用第二块布作为背布。这就是“绗缝三明治”。以平针缝或回针缝刺透三层将其粗缝（疏缝）在一起。缝制起点和终点处的线结应隐藏在布料之间，从作品两面都看不到。两面都应该是一样的，这就产生了“绗缝”效果。还可以在三层缝到一起时将设计图转印到“绗缝三明治”上。

所需材料

- 两块相同尺寸和类型的白色棉布
- 裁切絮料（铺棉），比布料稍大一圈
- 缝制图案和压线用线

术语介绍

英式绗缝（English quilting），用于制作床罩或盖毯，包括两层布料，中间夹层为棉花、羊毛、羽毛、绒毛等，通常使用十字交叉设计紧密地缝合在一起。源于拉丁语“culcita”（即长圆枕或抱枕）和中古英语“quilte”（即一个装满羽毛的袋子）。

作品《独奏》，使用英式绗缝技法制作

开始前的准备

如果你已经很熟悉缝纫，毫无疑问你已经有了一套自己的工具。你并不需要为制作立体绗缝再购买很多昂贵的工具。

这里我列出了必需用到的工具、材料，为刚刚开始着手进行绗缝的人们提供些指导。

工具

切割垫、尺子和轮刀

这些工具使得裁剪布料变得快速而简单。如果你是个新手，需要一些专业的指导来教你怎么使用它们。

切割垫：有很多品牌的自愈合切割垫，购买一个质量好的即可。入门新手最适合用的是A3尺寸(29.7cm×42cm)的，同时有英制和公制计量单位。以后你可能还会增加一个A2尺寸(42cm×59.4cm)的。

尺子：这种尺子是防滑、透明的，并且有不同宽度，有公制和（或）英制计量单位。购买和切割垫相称的尺寸——选择一个更长而不是更短的。

轮刀：有很多款式和尺寸可选，如果可以，买之前先试用一下最好。使用起来要小心，因为它非常锋利，你就把它看作是一个圆形的剃须刀片。使用时要从自己的方向向外推出，用完后记得要复位刀片保护罩。一定要让它远离孩子。刀片可以替换，必要时丢弃旧刀片。

标记工具

铅笔：我使用基本的、削尖的HB铅笔在纸上画出设计图或将图案转印到布料上；活动（自动）HB铅笔也是可以的。

裁缝画粉：也可使用画粉笔，用来在深色布料上做标记非常实用，有白色、黄色、粉色或蓝色等。

橡皮：有些是布料专用橡皮，但通常并不好用。我曾经尝试用铅笔把设计图案转印到布料上，如果你描得不是很深，那么当你缝纫的时候，描线就会消失。我发现有一种魔术橡皮在干燥时使用很有效，还有从商店里买到的铅笔用橡皮也非常好用。

还有其他可用的标记工具，但我并不喜欢，因为它们对布料的长期化学损伤是未知的。

美纹胶带

这是一种不可或缺的工具。我用它作为标画缝纫附加线的参照（参见第35页）。它有各种宽度和不同等级黏度的。你需要的是“低黏度”，5mm和1cm两种宽度的。低黏度胶带，黏性足够粘贴于布料，但又不会在作品上留下胶痕。每一条胶带都至少可以重复使用三次。有些商店销售一种“斑马”（Zebra）胶带，是条纹的，可以在缝纫时作为针脚长度的参考。你也可以购买曲线胶带，但这并不是必要的。

剪刀

购买优质的剪刀，并且要精心养护。如果你很爱惜它，就可以持续使用很多年。质量好通常并不意味着昂贵，有很多极其耐用的剪刀价格并不贵。

纸剪： 小号和中号的常用。

布剪： 根据你的偏好选择中号或大号的。

线剪： 用于剪线，我用的是一副直刃的。

机绣用剪： 这种剪刀刀背弯曲，刀刃短。这一种剪刀我用得最多。

齿牙剪： 有锯齿形或扇形刀刃。

珠针

购买优质的珠针。便宜的针尖不够锋利，还会钩破你的作品。不要使用塑料头的珠针，因为使用熨斗熨烫时塑料头会熔化在作品上。

玻璃头珠针： 当你制作时，这些大大的色彩缤纷的珠头非常容易看到，珠针也很容易去除。

玻璃头拼布珠针： 这种珠针很长，能够把几层布料别在一起，用起来很方便。

长型钢制裁缝长珠针： 可选，但也很有用。

针

使用哪种针在很大程度上取决于个人的选择。除非技法必须，我喜欢使用适合自己的针，而不是应该使用哪种针。无论长度和粗细，找到你用起来舒适的针即可。

绣花针： 比较常用的是一套混合针组。号数越大针越细，7号针粗细的最为常用。这套针的针眼略微大一些，可以适用于各种不同的线。

拼布疏缝针： 这是一种很长的针，中粗到粗，有大针眼。这是我最喜欢用的针，在每一个技巧阶段都会用，包括压线。我发现，那些因为自己的双手而不再制作绗缝被的人，当他们使用这种针再次开工时，他们似乎也被赋予了坚持的理由。

毛衣针或羊毛纱线用针： 为缝合织好的毛衣而设计的针，和挂毯针相似，但要更长。我用这种针将羊毛纱线穿入缝好的通道中；它们是圆头的，不会损伤低支布，而织补针太尖利，大眼粗针又太钝，都不适合。

钉珠针： 这种针极细且尖利，用于在布料上钉珠子。

熨斗

我根据不同需要使用家用干湿两用熨斗。小型旅行熨斗和贴布用小熨斗也有用，但不是必需的。

卷尺

我有三种不同类型的卷尺：一个同时带有公制和英制单位的小型可收缩卷尺，用于缝纫时复核尺寸；一个优质的基础型卷尺，长1.5m；还有一个拼布卷尺，3m长。此外，我还有一个30.5cm长的塑料尺、一个边长40.5cm的正方形尺和一个边长45.7cm的正方形尺。

填充工具

我喜欢用去角质棒或橙木签（译者注：国外用于修指甲和指甲外皮角质的橙木制小棒，有尖的和圆的底部）。我发现这是将絮料（铺棉）填充入图案的最好用的工具。它们很便宜，在很多商店都可以买到。当然，市面上也有几种凸纹提花绗缝针和工具套包，所以可以选择你喜欢用的。

顶针

顶针有很多种，有各种不同的材质，从银质的到微孔胶带材质的，选择合适的即可。我自己并不用顶针，因为我几乎试过所有种类的，但没有一个适合我。如果手指开始疼痛，我会使用从药店购买的"液体绷带"，在疼痛的地方喷涂好几层，破损了就换掉。

缝纫机

主要用于缝合，鉴于白玉绗缝技法的限制，机缝针脚不需要出现在作品表面，所以缝纫机只需要有基础的直线针脚和锯齿针脚就够了。

布料

可选的布料很多，让人眼花缭乱，但如果你希望做出成功的作品，你应该遵守某些准则：参看下面方框里“避免使用的布料”的内容。当有疑问时，请先做一个小样品试验一下。这里给出的布料会帮你达到最好的效果。

平纹薄棉布（薄纱棉布）：一种在制作通道和口袋时作为辅助布料的优质低支布。根据用途和成品的需求，它有时也作为作品最外层的背布。

绗缝白棉布(Roc-lon平纹薄布)（译者注：Roc-lon是国外的一个品牌）：这是我的最爱。它经过预缩处理，支数均匀细密。这种布是半透明的，图案可以直接描画到布料上，但也不会透明到从正面可以看出下层填充絮料（铺棉）和嵌线的程度。它有本白和漂白两色；请记住，较厚的白棉布可做不出和它相同的效果。

絮料（铺棉）：不要使用紧致、毯状的絮料（铺棉），因为这种材料不会让作品呈现出凸起效果。最好购买从卷轴上裁剪下来的絮料（铺棉），而不是预装在塑料袋中的，因为袋装的打开时会被拉伸，从而变形和起皱。选择处理过的防止钻毛（这个术语是用来描述纤维转移钻出表布使成品表面看起来毛茸茸的效果）的类型。我最喜欢的类型包括100%涤纶、57g的Poly-down絮料（铺棉）〔译者注：国外絮料（铺棉）品牌HOBBS旗下的一个种类〕。这种轻量级的絮料（铺棉）可以为你提供作品呈现立体效果所需要的“弹力”。100%涤纶、57g的Thermore絮料（铺棉）〔译者注：国外絮料（铺棉）品牌HOBBS旗下的另一个种类〕略微紧致，但也能制作出相对较弱的立体效果，我喜欢用它来制作桌旗和桌子中心的装饰。你也可以根据不同用途使用丝绵或羊毛絮料（铺棉），也可以使用竹纤维或回收利用的树脂高分子材料。

棉布：可以使用手工染色的优质棉布，但不可以使用比中间色调更深的颜色，否则作品表面立体图案的投影效果就会消失。如果仔细考虑一下图案设计，精心混入一些段染布料，效果也会不错，但你一定不希望你的缝线轨迹和段染背景布料发生冲突。

丝绸面料：可使用表面光滑的丝绸，比如双宫丝。它是一种交织着不同颜色（经纱和纬纱的颜色不同）或者单一颜色的面料。这种面料颜色很多并且容易操作。当使用丝绸时，必须使用辅助布料如上等棉织细布，以防止填充和嵌线时丝绸纤维被从针眼拉出。在添加平纹薄棉布（薄纱棉布）之前，请把辅助布料粗缝（疏缝）在丝绸面料的背后。如果希望作品表面亮闪闪的，可以选用真丝缎，这时我建议你先试做个样品。

人造双宫丝和人造丝：可以使用平滑的人造双宫丝，但请先做个样品看看效果。它也许需要增加辅助背布。人造丝摸起来不像丝绸那样光滑，微厚。和之前一样，也请先试做个样品。

上等细棉布：一种非常优质的棉布，用作丝绸的辅助布料。如果找不到，也可以用制作男士手帕的白色平纹瑞士棉布替代。

热熔衬：我倾向于使用中等克重的产品，例如Vilene（译者注：日本无纺布厂商品牌——宝翎）。这是一种合成的、一面有热熔胶的无纺布衬。还可以用它做压线模板。

100%涤纶玩偶填充棉：凸纹提花绗缝时用来填充图案。如果你正在制作一个小作品，可以使用57g的零碎絮料（铺棉）来填充，我想大家都储藏有几袋边角料，可以把它们重新梳理成纤维状态替代使用。

避免使用的布料

- 避免使用印有图案花样的布料。在这种布面上，你做的压线图案会消失的，这根本是在浪费你的时间，因为你付出全部努力制作的一个美丽的压线作品，在材料表面却根本无法看清楚。
- 避免使用深色布料，因为它会使得布面上的投影效果消失。
- 避免使用装饰布料（译者注：用于制作家居装饰如窗帘的布料）、织锦缎、厚白棉布，因为这些布料会使得立体图案难以辨别。
- 避免使用条纹布或在编织上有明显纱结的布料，因为它们会破坏效果。同样也要避免使用“新颖”的纱织布和表面有纹理的布料。
- 避免使用100%合成纤维面料作为作品正面表布。

线和纱

绗缝羊毛纱线

这是专门用来嵌线的最好的纱线，非常通用。它是无捻粗纱线，足够结实，可以穿过通道，即使纺得松散它也能穿过很窄的空间。如果是一个很宽的通道需要嵌线，请使用双股纱线，并且确保线在引入适当的位置时是平坦的、没有扭曲的。在通道中线会拧缠在一起，在作品正面呈现出粗纱的效果。这种线有两种：一种是未预缩纱线，另一种是机洗预缩纱线。可以按绞购买。

缝线

包括手染、段染、杂色、素色的线，它们都可以创作出精美的效果。我主要使用的是一种机缝线，而不是绗缝线，因为对于这种技法来说绗缝线太有“弹性”了。以下任何一种线都可以使用：100%纯棉线、棉和人造纤维混纺线、100%涤纶或人造丝。纯色或混色的金属线也是极好的，但我建议金属线用于机缝，因为手缝时很难从纤维芯根部劈开金属线。绞合绣花棉线和其他任何你能想象到的线都可以使用。和之前一样，如果不能确定这种线的制作效果，请先制作试验样品。尽量避免使用特别粗的线，当然你也可以使用，只是我觉得用粗线会让成品看起来有些粗笨。

钉珠线

可以从珠子供应商和工艺品商店购得，专为钉珠和串珠而制造。半透明，极细但很结实，很容易穿进细细的钉珠针。有小卷可用，比起其他线，颜色可选范围有限。

装饰配件

很多作品的成功都得益于在最后阶段添加的装饰配件。添加的可以是纯粹的装饰如闪光配件，也可以是有连接系合、钉缝固定作用的功能性装饰配件。在展会上或专营商店细细寻觅，找到你所需要的小物件。

珠子

这些珠子有各种各样的尺寸、形状和颜色，表面或亚光或闪亮，或介于二者之间。它们由塑料、玻璃或半宝石制成，可以单独购买，有单一颜色的独立包装，也有混杂了不同颜色、形状和尺寸的主题包装。可选范围广泛，并且覆盖各个区间价位。珠子在合适的地方钉缝即可。

缎带

丝绸缎带或双面缎带作为装饰配件和包装封带都非常好用。在需要拉链的地方也可以使用。

纽扣

纽扣装饰配件多用于加强设计感，或出于实用性用于系合。复古或时尚的扣子都可以，金属、塑料、珍珠母、贝壳、玻璃、木质、皮革材质的都可以，有各种各样的形状和颜色可供选择。明眼扣有两孔或四孔，可以缝在需要的位置；暗眼扣背后有扣柄。包扣套件在搭配作品时也非常有用。

装饰夹子

有各种不同花饰的夹子，以及用于固定的开口夹。可以在贺卡制作供应商处买到。

粘胶珠宝

由塑料、半宝石或水晶制成。有不同尺寸、形状的，价格也各不相同，可以单独购买，也可以成包购买。背面有些是平的，有些是尖的；背部是尖的宝石需要有合适的基座并通过爪子固定。有些是“热粘”的，有些是“冷粘”的，还有一些是自粘的（参见第29页）。

针法

在开始制作前，请先熟悉所有需要用到的针法。很多刺绣针法都可以与立体绗缝相结合。当然，你可以一直使用平针缝，但增加些其他针法，可以让作品更清晰多样、富有质感。一旦你自信满满地开始制作，就可以灵活使用你想用的各种针法，把立体绗缝技法演绎出自己的风格——没有任何规则束缚！

基础针法

平针缝

当开始制作作品时，我使用这种基础针法将两层布料缝合在一起。这时的理想针脚是2mm长，不得超过4mm长，否则图案的清晰度会不够。你也可以用平针缝来做装饰或者压线，针脚自己决定。

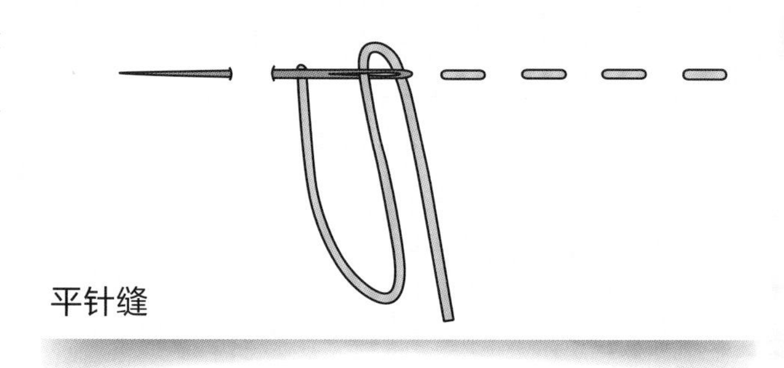
平针缝

粗缝（疏缝）

这是平针缝的变形，用于在缝制和压线之前，临时将几层布料固定在一起。使用大针脚缝合，针脚在2.5~7.5cm长，作品完成之后小心地拆除粗缝（疏缝）线。根据作品本身，可以缝成网格状或者单线状。

回针缝（我使用的方法）

这里向大家分享如何操作我自己使用的这种有用的针法。我发现它比传统针法缝得更整齐，也更快速，从作品正面看起来就像机缝的实线，从背面看起来却像平针缝。我把它用在需要通过实线来明确和界定图案区域的地方或者创作中其他感兴趣的地方。这种针法也是压线的理想针法。起针打结，从1出针，2入针，平针缝一针，3出针，回到2入针，再次从3出针。再从4入针开始继续下一组，重复以上步骤。

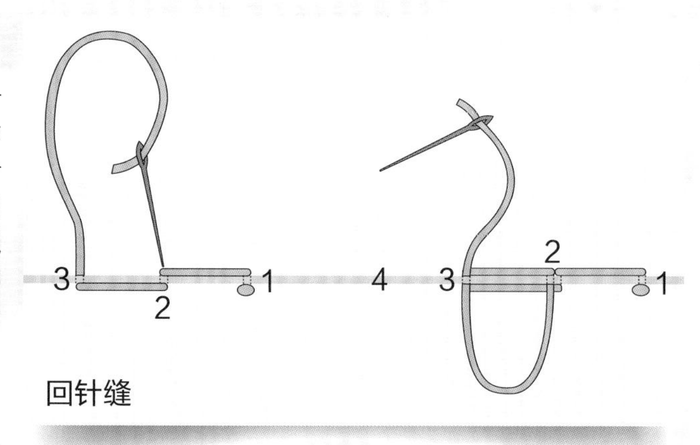

回针缝

飞鸟绣

这是一种装饰性针法，可以提高作品的质感。我在绗缝时加入这种针法，它可以只缝在作品表布上，当然你也可以同时缝透几层，但背面看起来会有些凌乱。飞鸟绣适合用来表现小的叶脉、羽毛或蕨状结构。请注意不要将针脚缝得太大，否则线容易钩住，家用物品也容易破损。鉴于这个原因，飞鸟绣针法最理想的是用在壁饰上。

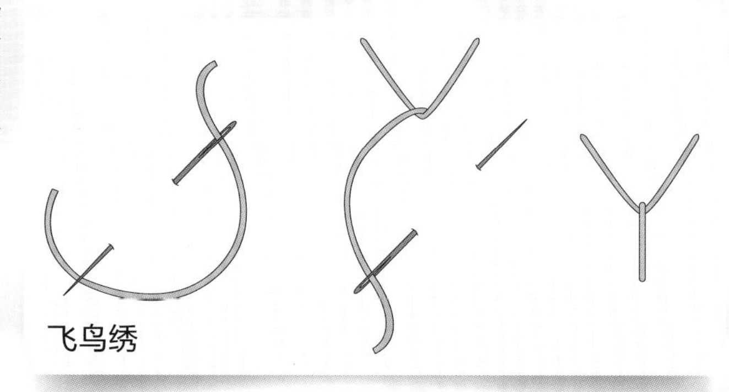
飞鸟绣

种子绣(单线与双线)

这是一种随意的装饰性针法，针脚可以非常小，单线绣出，针脚长5mm；也可以双线绣出，即双线种子绣。最好不要缝成整齐的行列，否则会变得非常呆板，除非你希望达到这种效果；可以随机缝成密集的斑块状，只要保证针脚的方向有变化。需要练习一段时间才能保持针脚大小一致，这是一个缓慢的过程，但这种针法非常迷人。它可以单独或者和珠子一起制成花芯。如果用在绗缝阶段，它会创造出独特的背景质感，被称为点刻绗缝；或者加宽种子绣的间距，布满整个背景，来代替打结绗缝。

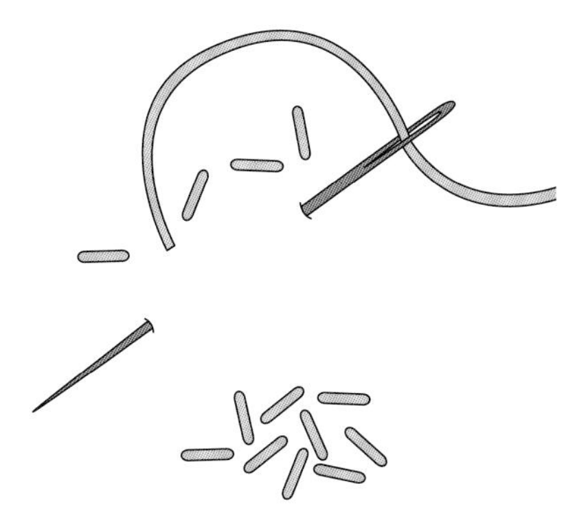

种子绣

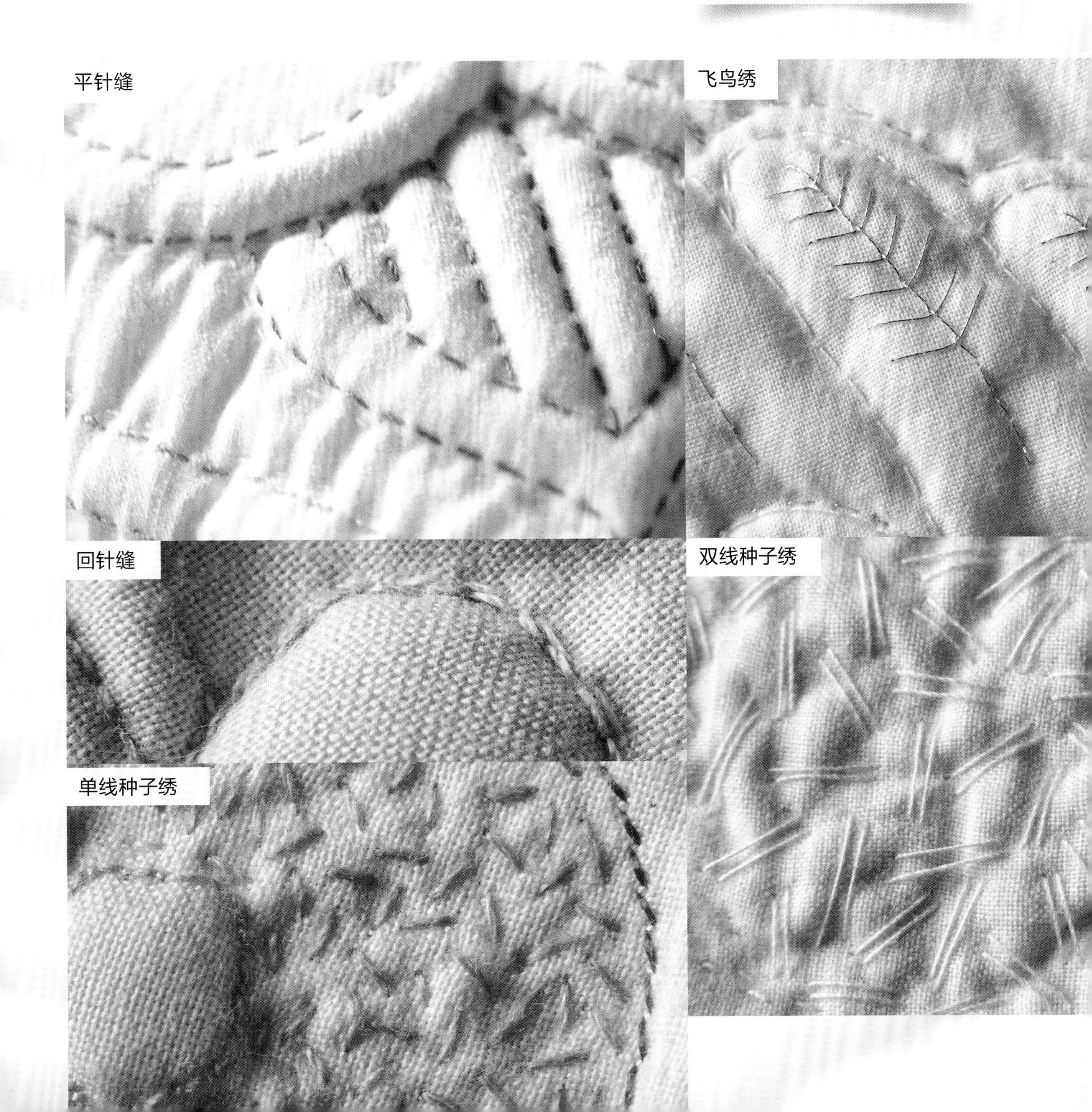

平针缝

飞鸟绣

回针缝

双线种子绣

单线种子绣

进阶针法

缎面绣和缎面垫绣

这种针法用来创作可爱的丝绸般平滑的线迹区域。在布料上绘制珠子大小的图案。用单股细线如右图所示斜向沿图案形状以直线针脚，从中间向一端填充图案。绣到顶端后，将针从背面穿回到中间起点位置，继续向另一端填充图案，直至到达顶端。缎面垫绣，是为了创造厚度，在前面完成的第一层缎面绣针脚上面，按珠子的走向，重复沿轮廓图案填充。这种针法适合用来制作非常小的装饰性图形。

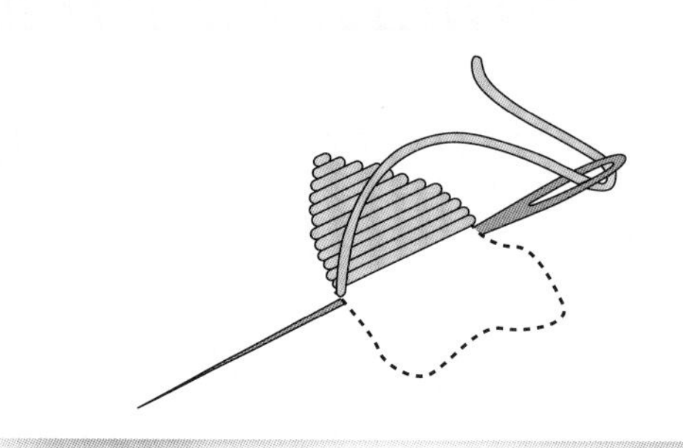

法国结粒绣

这种针法可以为作品增添质感和趣味性，也可以用在不适合使用珠子的地方。可以用任何粗细或型号的线来刺绣，线结应该紧贴在作品表面。如果使用非常细的线，请在针上多绕几圈，否则线结会被拉到作品背面。如果使用粗些的线，只在针上绕一两圈即可。使用金属线时，因为金属线更有弹力，制作出来的线结会有些微松散。根据你的设计，成簇绣制或单独绣制都可以。

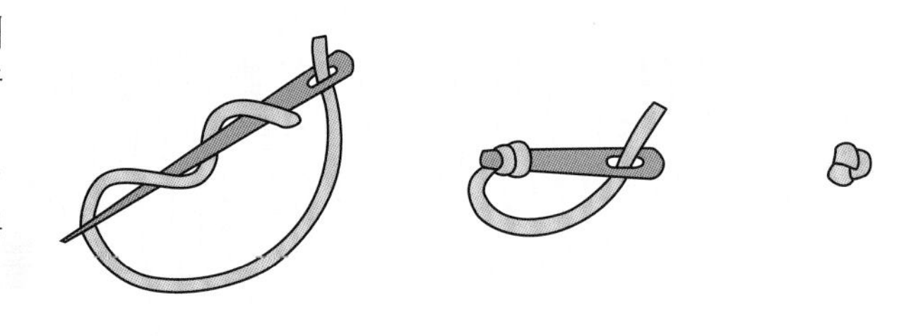

卷线绣

这种针法我多用来装饰可能不适合用其他针法的地方。它尤其适合用来表现小蝴蝶和毛毛虫身体，以及橡果顶端的柄，也可以作为一种有纹理质感的填充针脚。

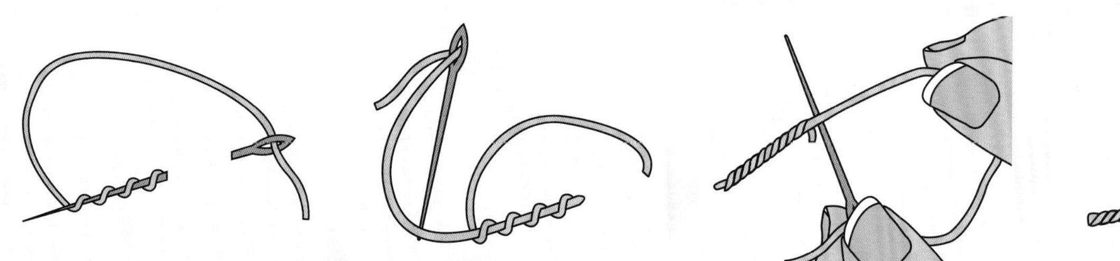

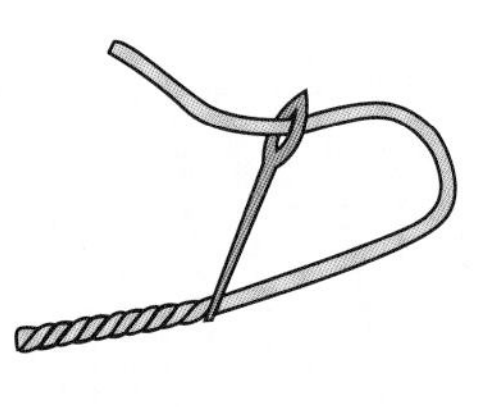

裂线绣

这是已知的最早的针法之一，整个中世纪都在使用，在许多华丽的教堂刺绣品上都可以发现，裂线绣针脚覆盖于布料表面，并采用上等的丝线制作。我喜欢用它代替回针缝来制作线条、花朵图案上细细的雄蕊或者植物的卷须。它也可以用作绗缝针法，外观就像微小的锁链绣。绣出双线或单线都可以，绣制时用针将前一针的针脚劈裂——它的名字也由此而来。

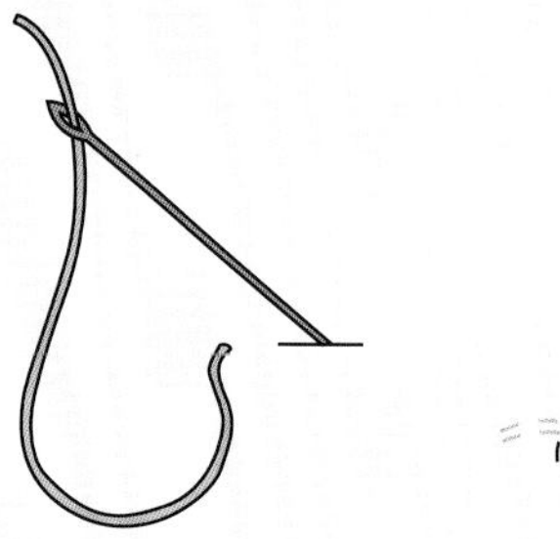

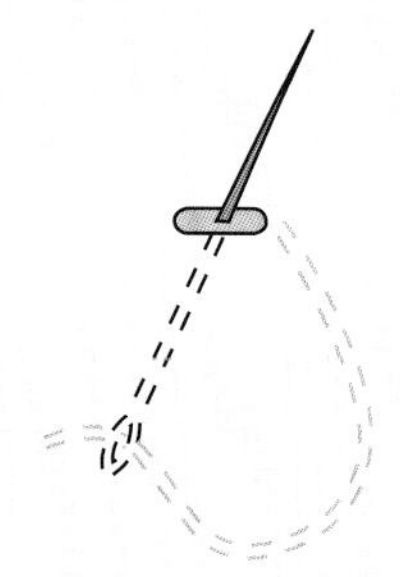

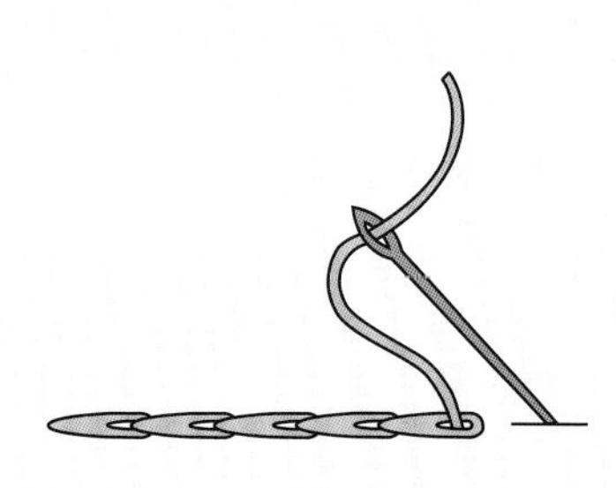

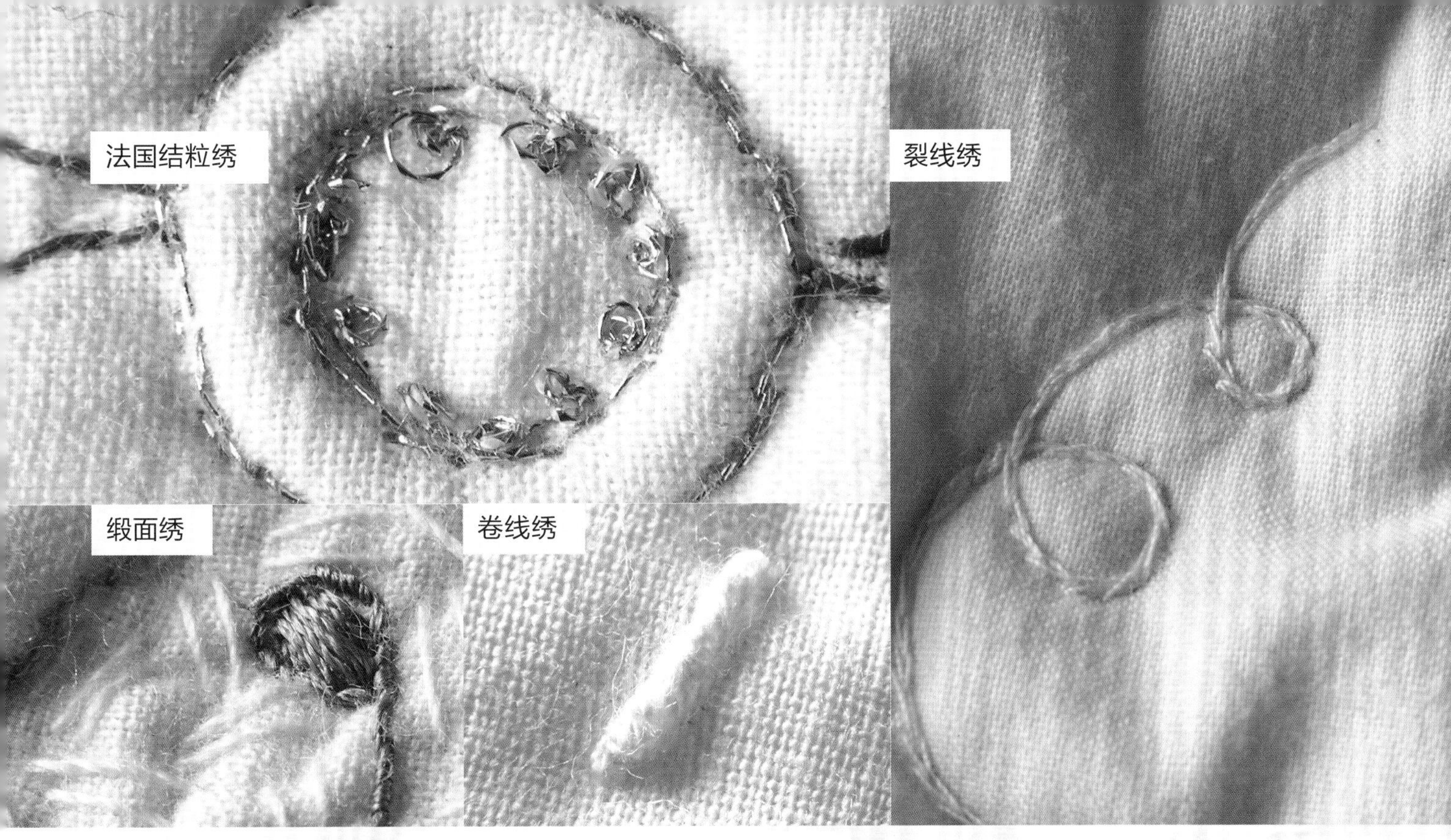

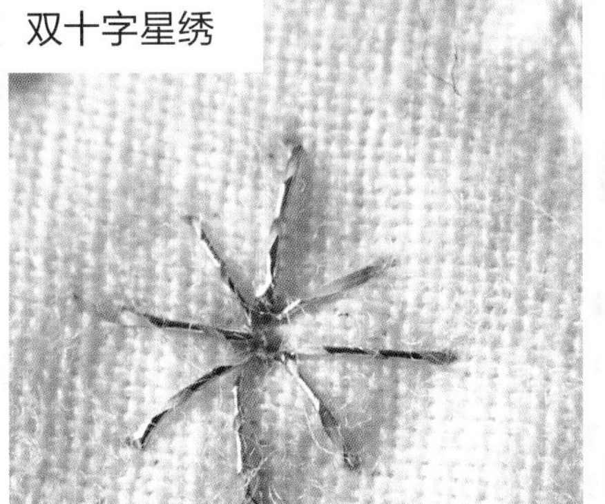

双十字星绣

这是一种制作星形的理想针法。我先绣出垂直和水平的“臂”，确保在作品正面，每个针脚都经过星形的中心，然后用同样的方法绣出对角线的“臂”。这样就能绣出非常整齐的针脚。

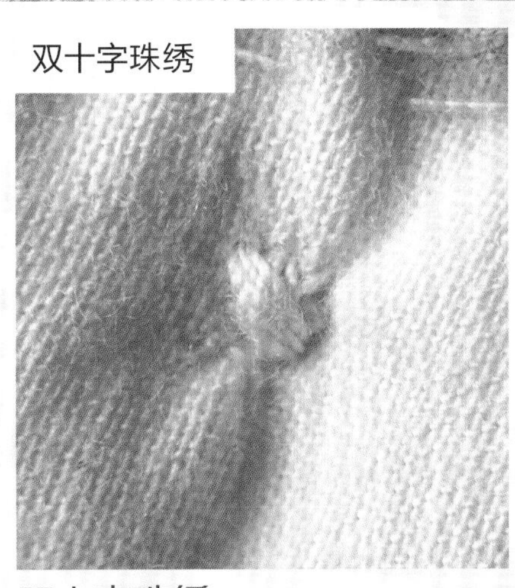

双十字珠绣

穿双股线，绣出尽可能小的针脚——小于4mm。先绣出垂直针脚和水平针脚，在针脚上面，沿对角线方向覆盖绣出同样大小的斜线针脚。这将在作品表面绣出工整的立体“凸起”，它也可以代替打结绗缝使作品表布下陷。你可以尝试使用不同粗细的亚光或者闪亮的线。

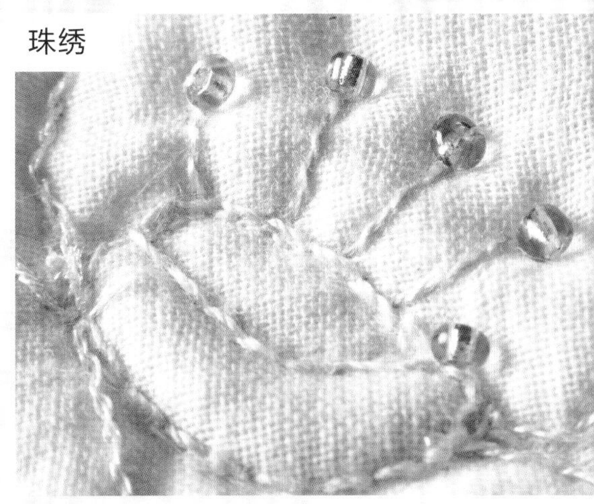

珠绣

指将珠子钉缝在布料上。可以单独钉缝，也可以成簇钉缝。建议使用钉珠针，针长而细，能将线穿过珠孔。根据效果需要，可以使用各种不同方式将珠子钉缝在作品表面。最好使用结实的珠绣专用线来将珠子钉缝在合适的位置。如果没有珠绣专用线，可以将绣线过蜡，防止线拧缠和打结。尽可能使用颜色相搭配的线，把珠子牢牢地固定在布料上。

人字缝

这是一种很实用的缝合针法。当你制作凸纹提花纺缝作品，在背面戳孔时，如果不小心将平纹薄棉布（薄纱棉布）剪断了过多的线，布料就需要缝合，以防止填充物从作品中跑出。由于是低支布，如果边缘拉缝过紧，很容易扭曲变形，所以用人字缝从孔的一边穿缝到另一边，不用将布料拉拽太紧。

对针缝

这种针法用于藏缝作品返口，例如制作针插和抱枕时。当针插中填满填充物或将枕芯塞入枕套后，就需要将遗留的返口尽可能隐蔽地缝合。最理想的针脚是2mm长。对针缝也适用于缝合衣服衬里。它的缝合效果很平整，且不像卷边缝显得那么笨重。

格子钉线绣

这是一种伏贴在作品表面的织纹装饰针法。用来增加填充区域（如橡果壳、蓟花头）的装饰效果，或者仅仅只是为作品增加趣味性，都是很完美的。先在图案上绣出基础的格子线迹——可以是水平和垂直的，也可以是斜向的，然后用第二根线固定基础线迹的交叉点。固定线迹可以是小的直线针脚或十字绣针脚，可以使用与基础线颜色对比鲜明的线或者与基础线不同粗细的线。这种针法可以在伊丽莎白时代的很多绣品中找到。

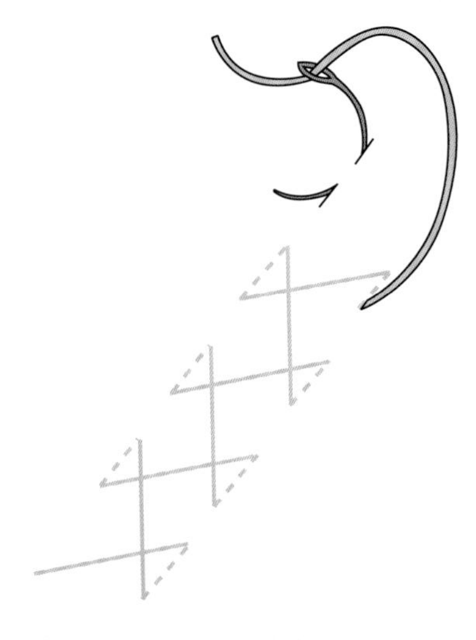

人字缝

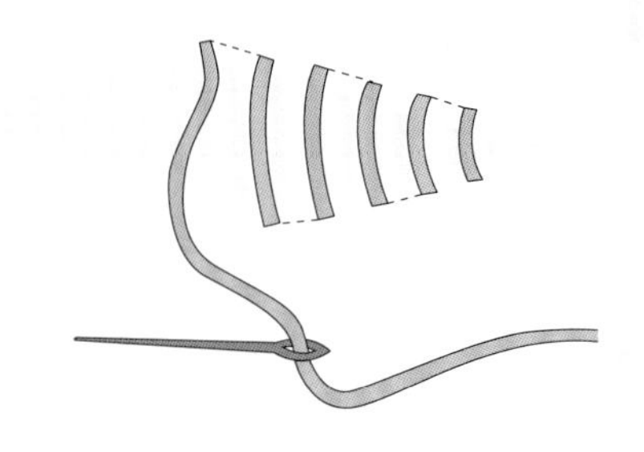

对针缝

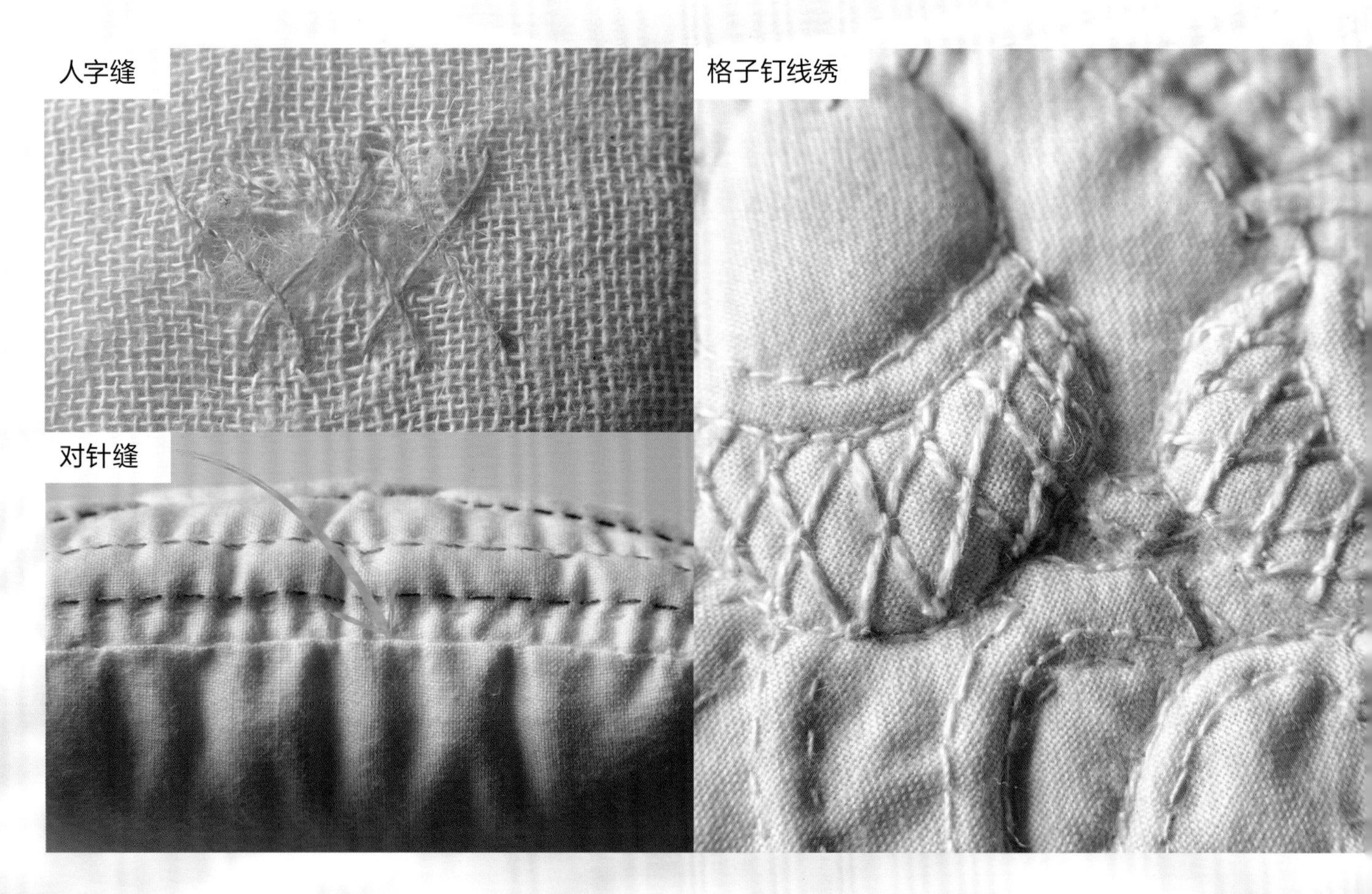

绗缝针法

英式绗缝

绗缝被是由三层组成的“三明治”—— 表布、夹层、背布，将三层牢牢地缝合在一起，就是所谓的英式绗缝了。取用颜色相搭配的线，线尾打结，在绗缝起始位置，从背布入针，从表布出针，将线尾的结拉入夹层隐藏。用平针缝穿透所有层开始绗缝。如果你乐意，你可以一次一针地缝，也可以从表布入针到背布再刺回表布—— 一次多针地连续平针缝。结束时，倒缝一针，将线尾拉入夹层。起点和终点都是看不到线尾的。确保针脚均匀，每一针都穿透背布。“三明治”的厚度决定针脚的尺寸，经验丰富，就会做得小而工整。绗缝通常缝成交叉的对角线迹或平行线迹。

曲线绗缝

在需要绗缝的区域画出连续的曲线。请先在纸上练习画线，画线漂亮了缝出来才会更漂亮。像英式绗缝过程一样，制作“三明治”绗缝被。如果填充的区域比较小，可以使用我个人版本的回针缝来制作。

打结绗缝

这是一种装饰性极强而又简单的绗缝方式。在表布上，用HB铅笔随意地画一些点。使用结实的线，在标记的点上，穿透所有层，从正面入针，背面出针，在正面留2cm左右的线；再从紧挨背面出针点的地方入针，正面出针。拉起线的两端系一个平结—— 一种双环结。剪断线，留不超过5mm长的线尾。线尾按传统留在绗缝被表面。可以使用各种不同的线——彩色毛线、绣花线、金属线，或者将不同的线混在一起使用。要确保选用的线一旦打结不会散开。

钉扣绗缝

它和打结绗缝很像。以同样的方式系线头，但是将线尾留在作品的背面，或者像平常缝纽扣那样穿透所有层，再把线尾藏在夹层中。

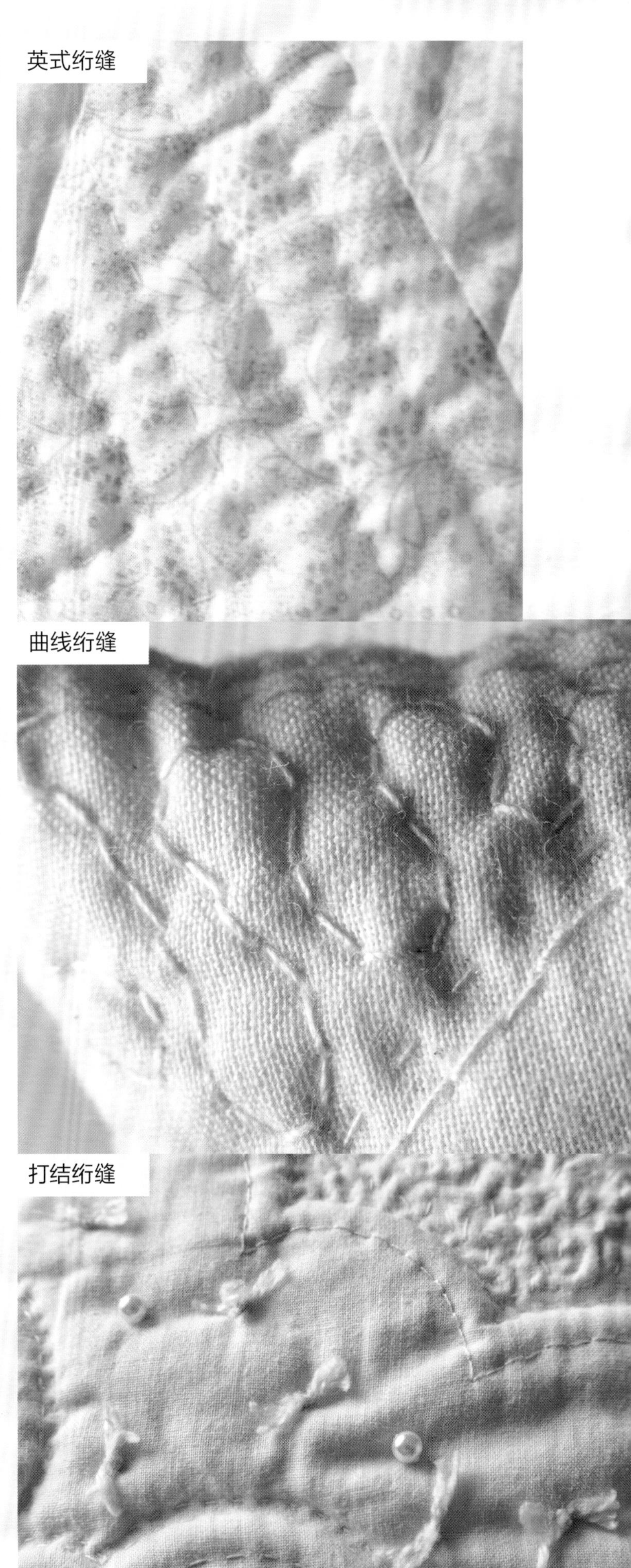

英式绗缝

曲线绗缝

打结绗缝

绕线绗缝

先以英式绗缝缝制线条，取第二根线将其绕于第一根绗缝线迹上，使形成一条连续的线迹，注意针不要刺到下面的布料。两根线可以使用同色线或者对比色线。对于很难穿过几层布料的特殊线，这种技法也很实用。绕线绗缝也可以用在压线的最初阶段。

点刻绗缝

当种子绣（参见第23页）用于绗缝时，便被称为“点刻”。根据缝制的规模和密度，可以创造不同的纹理效果。我喜欢在背景区域用它代替十字交叉线迹，远看时，这些同色、随机的针脚创造出一种类似毛粉刷的效果。比起其他形式的绗缝，点刻绗缝的制作过程是比较慢的。

落针绗缝（落针压线）

这是拼布中的一种针法，即在两片布料拼合的缝份中心进行压线。它也指为了使图案更加立体，在两块缝纫区域之间进行压线。

机器绗缝

我虽然也用缝纫机做一些成品，但还是很少使用机缝来制作传统白玉作品。尽管有时可以同时使用机器绗缝和手工绗缝，但我发现这会产生太多问题。因此，我的大部分设计都不适合机缝制作。我个人觉得使用传统技法的重点就在于创作一个手工作品，一个不需要机器的手工作品。

如果无法避免使用机缝，你需要使用中等长度针脚或小针脚来呈现最好的效果，并且车缝要非常精确，否则结果将毫无吸引力。除非机器是你的“第三只手”，否则不要试图使用彩色的线，而是要一直使用和背景布料颜色相配的线，这样才能隐藏住任何微小的不准确。

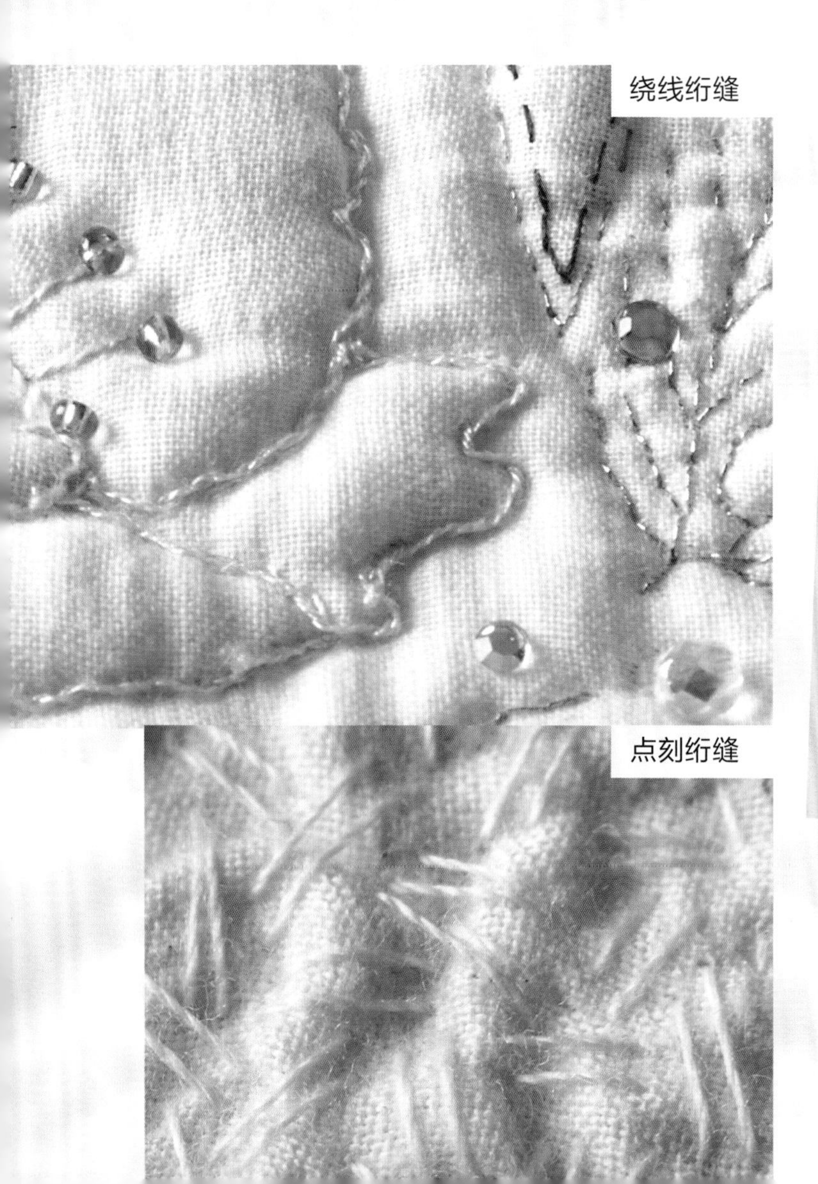

绕线绗缝

点刻绗缝

常见机缝错误

如果你一定要使用机缝，请务必注意下面这些误区：

- 很多缝纫机在单层白棉布（平纹细布）上车缝效果并不好，即使背后加有辅助的低支布也不行。
- 车缝双平行线时须使用5mm压脚，即便如此，沿面料对角方向车缝也很难成功，因为它会使整个图案变形。
- 请不要使用双针，因为当你把羊毛纱线穿入通道时它会引发很多问题。
- 起针和停针时请不要使用回针，否则会使作品正面看起来并不漂亮。在每一条缝线的起点和止点，需要把面线引到背面，并将面线和底线系在一起防止散开。
- 车缝多条线时你会觉得枯燥，还耗费体力。然而，如果你降下送布牙做自由绗缝，又不太容易控制，而且车错也很难纠正。
- 在压线阶段中，很难用缝纫机在作品表面车缝，因为作品表面极不平坦，并且作品的很多地方并没有足够的空间来下针。

添加装饰配件

“装饰配件（embellishment）”是指在布料表面添加装饰物的方法，但也能用来描述可缝缀的装饰物，如扣子和珠子等。这里介绍的是添加宝石、水晶及其他不能缝缀的装饰物。

粘合珠宝

“热粘”的珠宝（译者注：在辅料市场买到的烫钻）后背是平的，没有任何孔可以用来缝缀，用家用或旅行熨斗就可以固定，但熨烫前要先在珠宝上覆盖硅胶垫或烘焙纸，同时保护熨斗和珠宝。再将珠宝背面放在布料上，小心地把熨斗放在保护垫上方，使用规定的温度、时间和足够的压力将黏胶烫化。冷却后黏胶就会凝固，把珠宝永久粘贴在布料上。请遵照供应商的说明，先做试验。

另一种方法是使用专用的烫钻器来固定珠宝。烫钻器就像一支大笔，可以像熨斗那样加热，并且根据珠宝尺寸搭配了不同型号的烫头。它通过电加热到合适的温度，使用时请格外小心，因为尖头会非常烫。珠宝的背面带有热熔胶。将珠宝背面放在布料上，将烫钻器的尖头垂直放在珠宝上方。这和熨斗烫化黏胶的方式一样，黏胶冷却后凝固并且不容易移位。使用烫钻器更容易控制珠宝的位置，而且非常快捷。如果你需要装饰很大面积的珠宝，那么买烫钻器就非常值得。最贵的施华洛世奇水晶和中国水晶都是用这种方式固定的。

“冷粘”水晶和宝石后背也是平的，但无胶。购买推荐的胶把珠宝固定在布料上。先挤一点胶，用小木签涂在珠宝背面，用镊子把珠宝放在布料上，稍微用点力确保珠宝粘贴在布料上。你也可以把胶直接涂在布料上，但这需要更高的精度。搁置24小时晾干。胶凝固后宝石就不会轻易移位。它们同样也是高反光的，和“热粘”珠宝的适用范围一样。大部分固定后是可洗的。

自粘宝石

自粘宝石是模仿上面两种，由塑料制成的，通常用于创意卡片制作，有时也粘贴在布料上。我拿不准自粘宝石的质量：有些非常优质，可以保持在原位很多年，另一些却很容易脱落！如果你喜欢用自粘宝石，最好再用冷粘的方式涂胶固定，以确保它们在布料上不轻易移位。但千万不要使用熨斗或烫钻器靠近自粘宝石，否则会将它们熔化。

创作立体绗缝

我的作品都是凸纹提花绗缝吗？一部分是。凸纹提花绗缝是我现在反复听到的一个词，某种程度上它已经开始成为一个用来描绘所有白玉绗缝的专用词。这就是我把我的实践称为“嵌线和填充”的原因，它包含了组成白玉绗缝的所有技法。

想了解我的纸型如何使用并且熟悉这些综合技法，建议你从这里开始，遵循步骤制作一个针插。每一个阶段都有详尽的解释，它也会成为你制作其他作品的参考。针插作品中的“犬蔷薇”图案使用彩色线缝制，所以从背面很容易看清需要填充和嵌线的区域。

本书中所有应用作品的基础操作都是相同的，只是设计、图案、色彩和尺寸有所变化。每个作品的其他相关信息在必要时都会予以说明。开始制作之前请仔细阅读这一章所有内容，并且在需要时重复阅读这一章节。

所需材料

- 两块边长18cm的正方形布料：我通常使用漂白色绗缝棉布（平纹细布），但是白色、奶油色或颜色非常浅的棉布都可以使用
- 两块边长18cm的正方形平纹薄棉布（薄纱棉布）
- 一块边长18cm的正方形涤纶絮料（铺棉）
- 绗缝羊毛纱线
- 一小袋涤纶玩偶填充棉
- 机缝线，用于缝制主要图案：我使用黄色、粉色、绿色线缝制图案，用白色线压线、缝合和粗缝（疏缝）
- 5mm宽的低黏度美纹胶带
- 一根去角质棒或橙木签，用于填充
- 一根大眼圆头毛衣针，或18/22号挂毯针
- 手缝针：我使用的是拼布疏缝针，你也可以使用长眼绣花针（一种细长的、大针眼的针）或5/10号压线针
- 一支尖利的HB铅笔或自动铅笔，如果有的话，你也可以使用拼布人用的银色铅笔
- 绗缝长珠针
- 锋利的小剪刀

▶ 图1

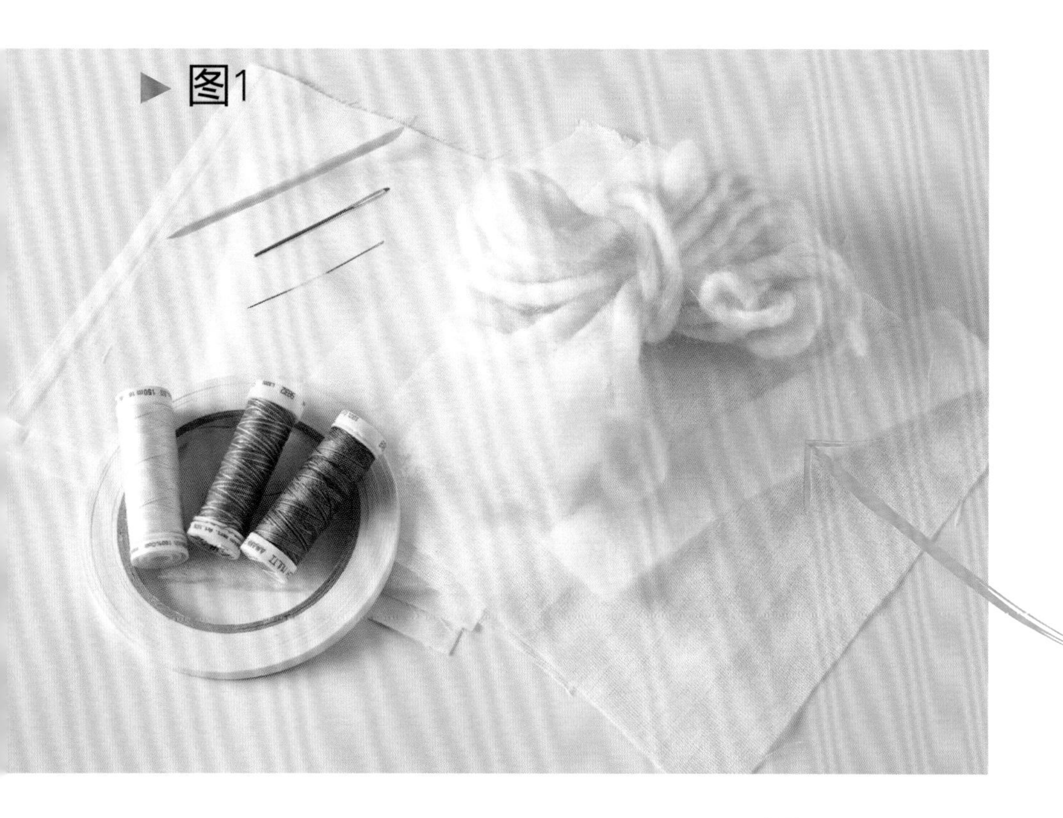

你可以使用零碎的涤纶絮料（铺棉）来代替玩偶填充棉，但需要将其撕成纤维状

使用设计图

我将每个作品的制作过程分解成两个或三个阶段，以保证尽可能清晰。在这里我分成了三个阶段。第一阶段是将基础图案转印到布料上。第二阶段是缝制指导，以及阐明在嵌线和填充之前哪里需要额外添加缝线。第三阶段是最后阶段，在穿透所有层绗缝完毕，成品上需要额外凸出的图案都能显露出来。每个作品都遵循相同的基础步骤。

模板1，实物等大纸型参见附页

模板2

模板3

模板1

这款设计作品为《独奏》针插。这里只是基础图案，先用尖尖的HB铅笔或自动铅笔将图案转印到布料上。对于每一个应用作品，其初始阶段的设计图都会在附页中给出实物等大纸型。

模板2

需要填充的区域（使用凸纹提花绗缝技法）在设计图中标为粉色。为制作法式嵌线的“多通道”而额外添加的缝线标为绿色虚线。需要穿入绗缝羊毛纱线（意大利式绗缝）的通道（同样被称为嵌线）标为绿色实线。

模板3

最后阶段用红色虚线标出在哪些区域进行压线，以达到视觉上的分层效果。在一些更复杂的作品中，装饰配件的位置也会在第三阶段的模板中标示出来。

转印图案

取一块正方形白棉布，沿对角线折叠。轻轻按压，再打开。把模板1图案放置在平坦的表面，粘贴美纹胶带防止滑动。我发现在描图之前，在图纸下面放两三张白纸，会让图案看起来更清晰。把布料放在图纸上，使折痕与图纸上的对角线对齐，像之前那样粘贴美纹胶带进行固定。用铅笔轻轻地在布上描图，注意不要描得太深（见图2）。画出所有线条，包括围绕图案的外框线。这是作品的正面。

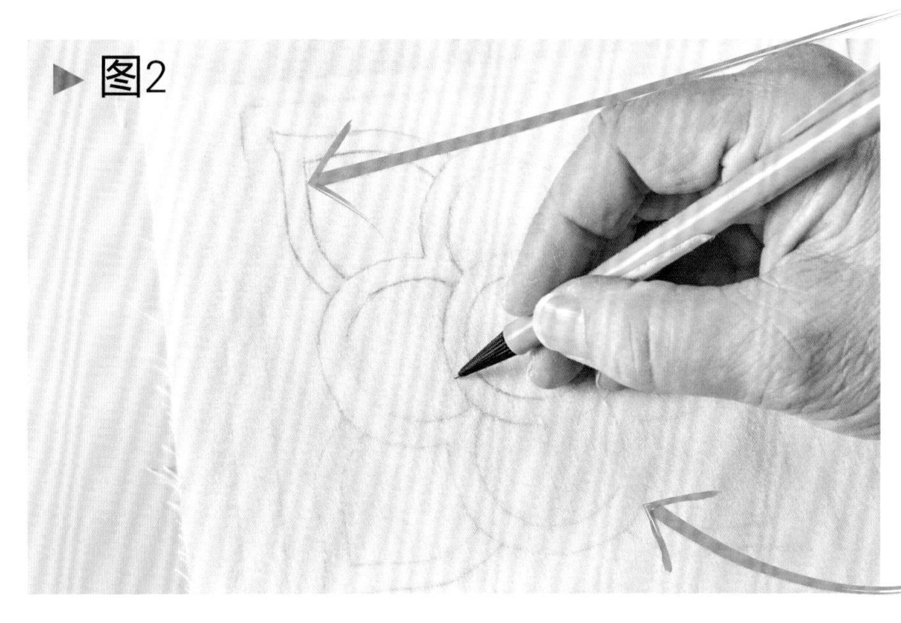

▶ 图2

从图案上方开始描图，描至底部，这样当手遮盖在布料上时，就可以防止铅笔弄脏布料

应当透过布料能看到图案，这样才容易描图。如果不能看到图案，就必须使用拷贝灯箱；如果没有拷贝灯箱，也可以选择在玻璃桌下面放置一盏灯，用美纹胶带把图纸粘贴在桌面上

分层与粗缝（疏缝）

去掉图纸。取一块正方形平纹薄棉布（薄纱棉布），放置在转印好图案的表布背面。用粗缝（疏缝）线，以小于2cm的针脚把两块布粗缝（疏缝）在一起（见图3），沿对角线从一角缝至相对的底角。重复粗缝（疏缝）另一条对角线，之后围绕正方形，在布边内侧大约1cm处粗缝（疏缝）一圈。

▶ 图3

沿对角线将两层布料粗缝（疏缝）在一起

将平纹薄棉布（薄纱棉布）放置在转印好图案的表布背面

缝制轮廓

用黄色线开始; 线的长度不要超过30cm，因为在缝制时线很容易拧缠和打结。线尾系一个大结，结要留在作品背面，沿中心内圆的画线以平针缝缝合两层布料，针脚须短小、整齐、均匀（见图4）。内圆缝好后，把线穿到背面，在平纹薄棉布（薄纱棉布）上缝几针回针并拉紧。剪断线，重复以上步骤缝制图案中心的外圆。使用黄色线的两个同心圆就完成了。

换成粉色线，以同样的方法开始，缝制内圈的半圆，这是花瓣。不需要每一个花瓣都断线，可以把线穿到背面，再从另一个花瓣的起点出针。四片花瓣都完成后在背面打结断线。你会发现，当你在铅笔线上缝制时，如果画线不是太深，铅笔线就会被遮盖。

用粉色线缝制外圈的半圆花瓣，这是一条连续的线迹，在花瓣连接处以回针缝缝出“V”字形。这样能制作出一个漂亮的轮廓鲜明的作品，并且形成平整的双线通道。随后将以意大利式绗缝技法在这些双线通道中穿入绗缝羊毛纱线。

换成绿色线（我用的是段染线），缝制第一片叶子的内轮廓。把线穿到背面后再缝制外轮廓，打结断线。以同样的方法缝制出所有的四片叶子，打结断线。用黄色线缝制正方形轮廓，在拐角处回针加固。两面都熨平。

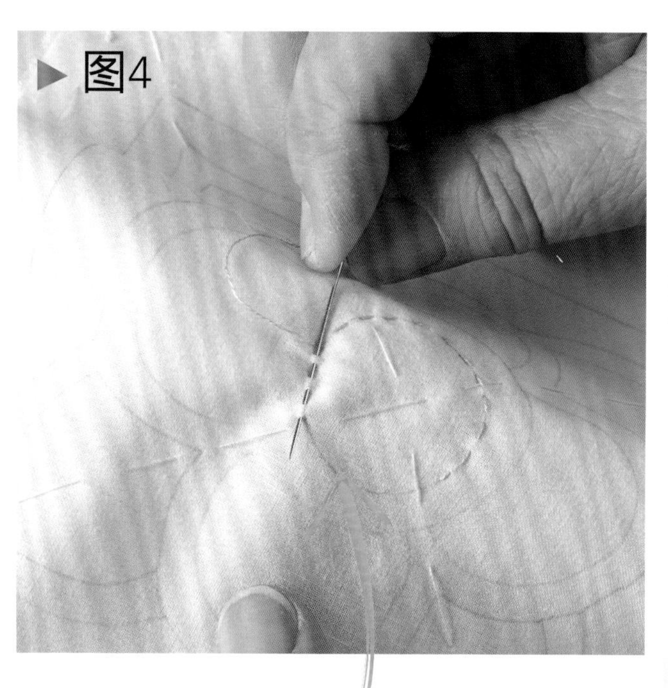

使用一根长针，可以一次缝好几针

缝制小贴士

总是从作品的中心开始，向外侧缝制，可以防止作品表面因布料在制作过程中有所移动而出现“鼓包”现象。在制作那些背布容易变皱的大作品和绗缝被时，这一点尤其重要。

初始阶段缝制完成

缝制附加线

如果你仔细看一看缝好的针插（参见本页右下角图片和第40、41页图片），你会发现一些在第一阶段并没有出现的附加线，这些附加线在模板2中有标示，但并不需要用铅笔画出来。我使用5mm宽的美纹胶带作为参照来确保这些附加线笔直且宽度相等。在大面积上缝制时，美纹胶带还可以帮助固定布料并防止在斜纹方向上缝制时布料被拉伸。

叶子图案都包含有附加线。剪一段美纹胶带，比要缝制的长度略长，按照第32页模板2的标示放在布料上。第一条美纹胶带的位置要放准确，这样后面的几行才会均匀。美纹胶带可以辅助制作出笔直的通道，并且节省测量和在布料上画图的时间。针上穿绿色线，线尾打结，从胶带的一端开始缝制。沿胶带边缘进行平针缝，要尽可能贴近胶带边缘，但针不要刺穿胶带，如果刺到，针会变黏，很难缝制。在图形范围内一直缝到线迹尾端，将针穿到背面，再从胶带的另一侧出针继续缝制（见图5）。

当胶带的两侧都缝完后，不需要收线，把针留在作品背面，准备缝下一条线。从作品上取下美纹胶带，沿着前一条缝线的另一侧边缘再次粘贴（见图6）。沿胶带边缘缝制。取下胶带，重复这个过程，直到叶子内部附加线全部缝好，打结断线。

在四片叶子内部重复缝制，形成多行平针缝线迹，这将成为法式嵌线的通道。围绕黄色正方形线迹，在其外缘粘贴美纹胶带形成外圈的通道。换成粉色线沿外边缘进行平针缝，记得在拐角处回针。如果作品背面看起来凌乱也不必担心，因为随后会被遮盖住。再次熨平作品，使布料光滑平坦。之后就不会再熨烫布料了。

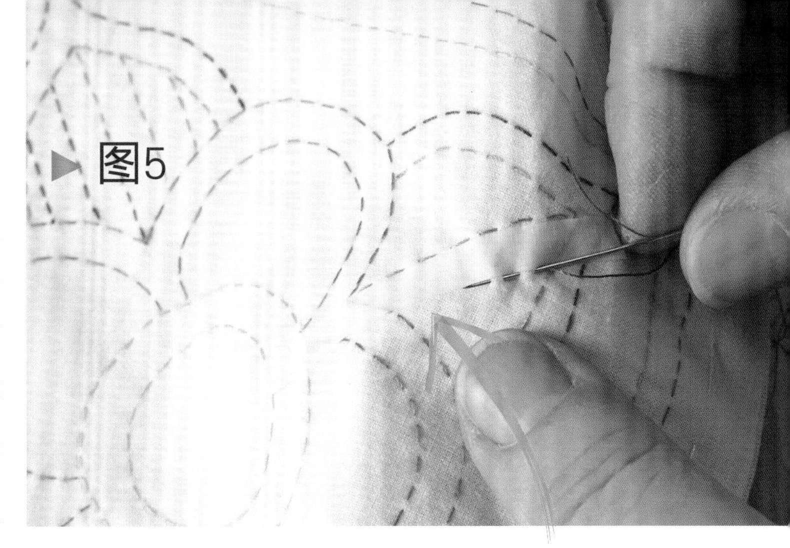

美纹胶带粘贴到位，缝制几近完成

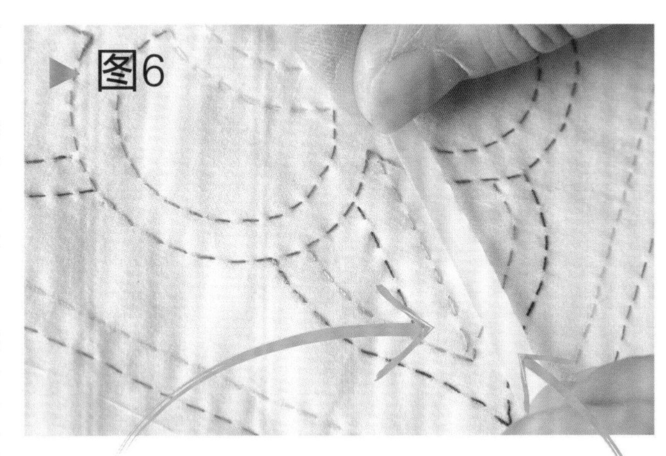

第一条通道缝制完成

将美纹胶带沿第一条缝线另一侧粘贴固定

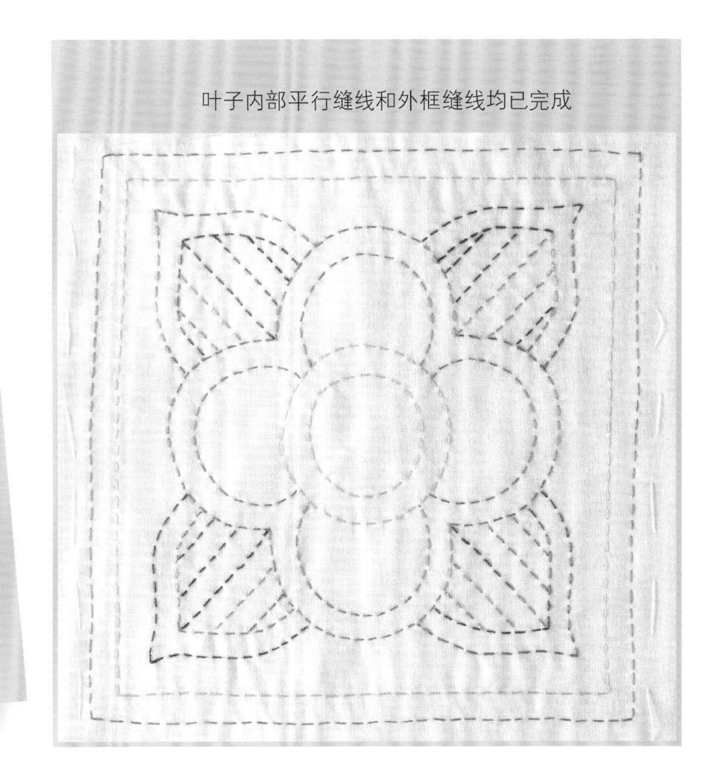

叶子内部平行缝线和外框缝线均已完成

粘贴胶带小贴士

当缝制告一段落时，请从布料上取下胶带。否则，黏胶可能渗入布料表面，留下永久的污渍。虽然胶带在布料上停留一夜不会发生这种状况，但最好能养成每次都取下胶带的好习惯。

填充

小心地去除作品上的对角粗缝(疏缝)线。花朵图案中心形成一个圆形口袋，现在已经准备就绪，就要运用凸纹提花绗缝技法了。

把作品翻到背面，从作品背面开始进行下面的工作。将布料拿在手里，把填充棒尖端推入图案口袋的中间，小心不要让填充棒穿透正面的白棉布(平纹细布)(见图7)。将平纹薄棉布(薄纱棉布)的纱线撑开，晃动填充棒钻孔。由于孔径需稍稍大于5mm才便于填充，可以适度用力晃动填充棒。

继续用手拿着作品。用填充棒平的一端挑取一点玩偶填充棉小心地塞入(见图8)。填充口袋时要每次塞入一点，保持填充得平坦、柔软。不要试图用填充棒扭卷填充物进行填塞，否则填充棉会变成球形，形成凹凸不平、丑陋的外形。凸纹提花绗缝的诀窍就是不要过度填充口袋，否则会引起周边布料出现褶皱和变形，但填充又要充分，这样从正面看起来，图案才能从背景中凸起，在布料上形成小阴影。

当口袋填充完毕，如果你戳的孔比较大，请小心地用填充棒将纱线聚拢(见图9)，此时须多查看作品正面检查效果。检查是否填充得过多或者太少，及时做相应调整。

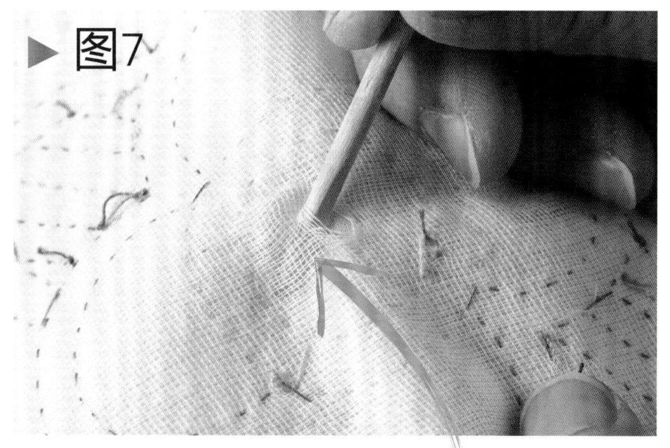

用填充棒分离开布料的纤维。由于线尾和线结都保留在平纹薄棉布(薄纱棉布)上，作品背面看起来有些凌乱

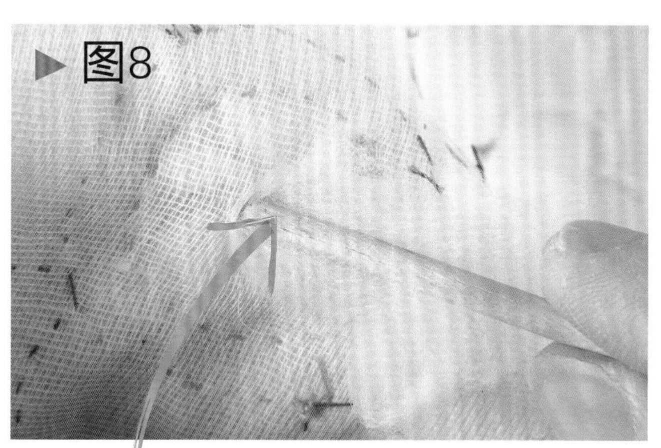

轻轻地将填充物塞入中心圆形口袋中

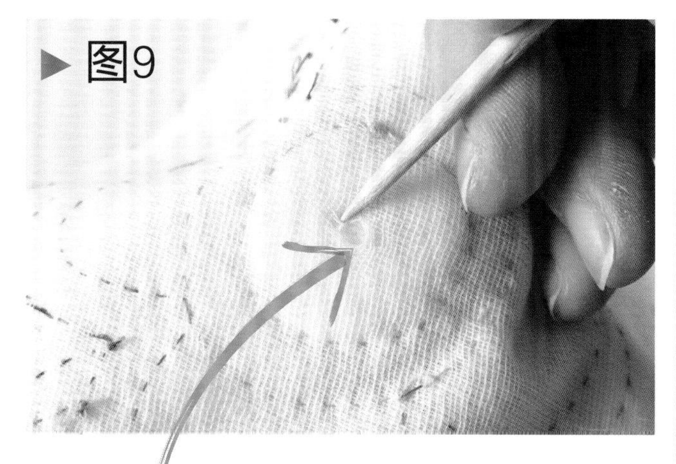

如果孔越来越大，用填充棒将纱线聚拢，防止填充物从中掉出

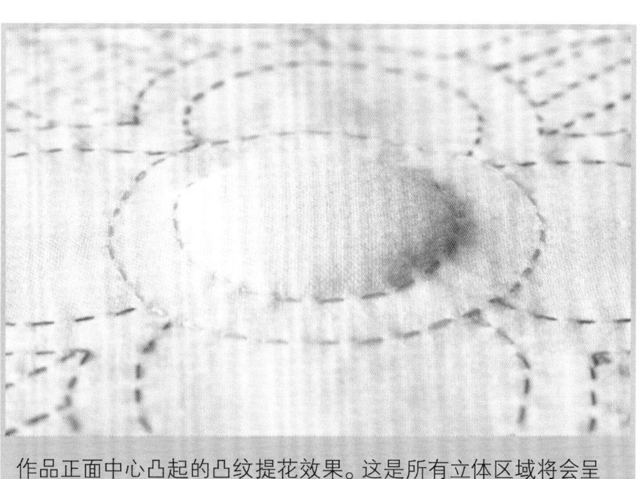
作品正面中心凸起的凸纹提花效果。这是所有立体区域将会呈现出的样子，且周围的布料没有任何褶皱

嵌线

继续在背面制作，使用第32页模板2做参考。取大眼圆头毛衣针，穿入约50cm长的绗缝羊毛纱线。从最初缝制的两条黄线通道开始制作。用针拨开平纹薄棉布（薄纱棉布）的纱线，把针穿入通道。穿入四分之一圆圈，出针，拉羊毛纱线，并在入针处留1cm长的线尾。

再次把羊毛纱线从出针处穿回通道，继续穿入另外四分之一圆圈（见图10）。当把羊毛纱线穿回通道时，在入针处留小线环，这是为羊毛纱线洗烫缩水而预留的；如果使用的是预缩过的羊毛纱线，就可以直接穿入不用留线环。依此方法继续穿入羊毛纱线直至整个圆环嵌入完毕。回到起点，出针，剪断羊毛纱线，留下另一个1cm长的线尾（见图11）。绗缝羊毛纱线不需要打结。

为了使技法说明尽可能清晰，在这一要点之前我并没有按顺序安排图片。请按照文中给出的步骤制作，如果需要的话请参考第38页穿线完毕的样品。

接下来对粉色花瓣通道进行嵌线。从靠近前一个圆的地方开始穿线，留1cm长的线尾。沿着图案的半圆，穿至第一片花瓣的中间出针。再次入针时留线环，朝中间的圆继续穿入。出针，将线拉顺，当再次穿入通道时留线环。依此继续制作剩下的三个花瓣，像之前那样留线环直到通道全部嵌线完毕。结束时留线尾，剪断羊毛纱线。如果使用预缩过的羊毛纱线，只需要在花瓣连接处（靠近中心圆形的地方）留线环，这样羊毛纱线才能保持在图案原位。如果羊毛纱线需要接合，只能在靠近中心圆形留线环的地方进行。

现在开始制作叶子图案嵌线（见图12）。首先进行外轮廓嵌线，在叶子的尖角处留线环。接下来单独为叶子图案内部每一条直线通道嵌线，两端均须留线尾。图案内部靠近外侧的通道即使很窄，也依然需要穿入羊毛纱线，如果留有空通道，看起来会很奇怪。最后为外圈的正方形通道嵌线，如果可能的话在边缘留线环；如果用的是预缩过的羊毛纱线，可以只在拐角处留线环。

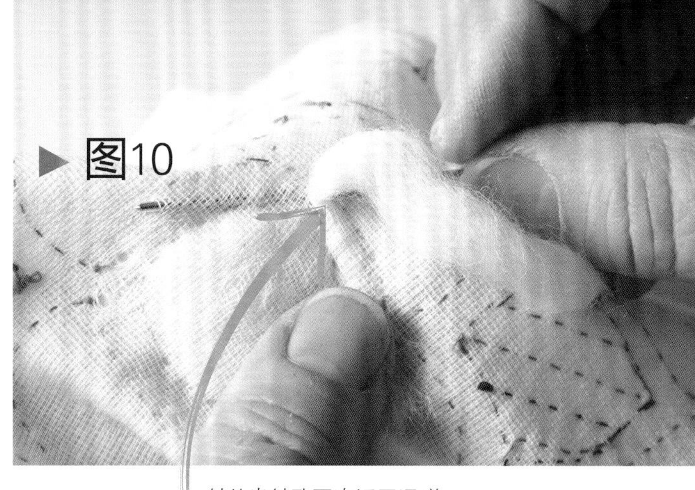

针从出针孔再次返回通道

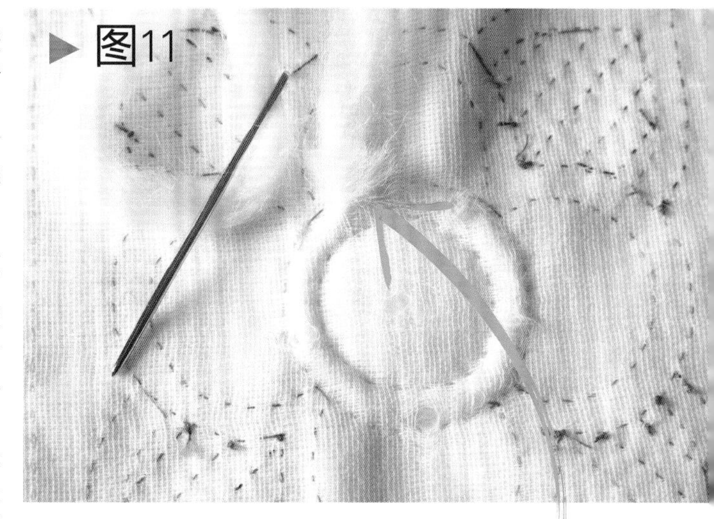

圆形已嵌线完毕，羊毛纱线从入口处穿出，准备剪断。这里的示例没有预留防止缩水的线环，因为羊毛纱线已被预缩处理过。这里你可以看到圆上的入孔和出孔

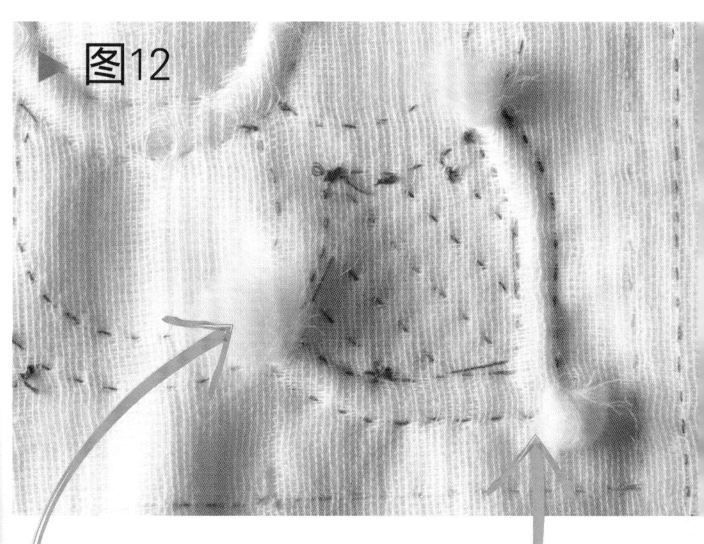

这是叶片外轮廓通道其中一端留的线尾长度

这是在再次入针点留出的线环尺寸

嵌线重点小贴士

请作为参考，在长直线、曲线或圆形上，大约每7.5cm须留羊毛纱线线环。当使用预缩过的羊毛纱线时，只需要在拐角处、图形的顶端和相对的底端，或者通道方向变化的拐点留线环。直线的起点和终点都要留线尾，如果接合羊毛纱线则需要在图案结束留线尾的地方进行。很窄的通道也同样要穿入羊毛纱线，很宽的通道可以在针上穿双线。

当嵌线全部完成时作品的背面看起来是这样的。羊毛纱线不需要打结，如此留在表面即可

当嵌线全部完成时作品的正面看起来是这样的。传统做法到这一步就可以结束了，也可以在背面再覆盖一层布料

添加絮料（铺棉）

向各个方向轻拽作品，确保所有通道都已填充好，且作品方方正正。你可以在这里就结束，因为所有技法都已经完成，但是我又增加了一个步骤，即添加了一层絮料（铺棉），以使作品更加立体。将正方形絮料（铺棉）放在作品背后，再把剩下的一块正方形平纹薄棉布（薄纱棉布）放在絮料（铺棉）的背后，形成了一个“三明治”（见图13）。像之前那样把这几层粗缝（疏缝）在一起。

▶ 图13

平纹薄棉布（薄纱棉布）是针插的底布

将絮料（铺棉）放置在已完成填充和嵌线的作品背后

最后的压线

用和背景布颜色相近的缝线来完成最后的压线，这样才能使针脚隐蔽。这里我使用了白色线。参考第32页模板3，可以看到哪些区域需要压线以突出设计图案。线尾打结，沿着黄色线迹，从中心圆形的内侧开始压线，注意不要缝到黄线上。压线针脚也许和平针缝针脚大小不同，因为现在已经增加了絮料（铺棉），想保持针脚相同是很难的。你不需要在作品背面隐藏线结，因为线结不会被看到。

接下来，沿圆形外侧压线，要紧挨第二圈黄色线迹压线（见图14）。你会看到压线使凸纹提花部分更加突出，看起来就像是在里面进行了额外的填充，第一条嵌线通道现在也更加明显了。现在沿花瓣轮廓外侧压线。压线时会经过叶子图案，你应该尽可能靠近粉色线去缝制，这就被叫作落针压线，你必须在两个已预先缝好的图案之间压线。花瓣形状是没有被填充的，但你会发现通过在花瓣嵌线轮廓外缘压线，花瓣看起来就像被填充了一样，并且形成了花瓣比叶子图案更凸起的印象。沿每一片叶子轮廓外侧压线，靠近绿色线迹。这将使叶子从背景中抬高出来。最后，沿黄色方框的内侧压线，然后沿粉色方框的外侧进行压线。沿粉色方框的外边缘粘贴美纹胶带，最后头尾相接。用白色线沿胶带外侧，穿透所有层压线。当组合制作针插时，这里的压线将作为缝合线参照。

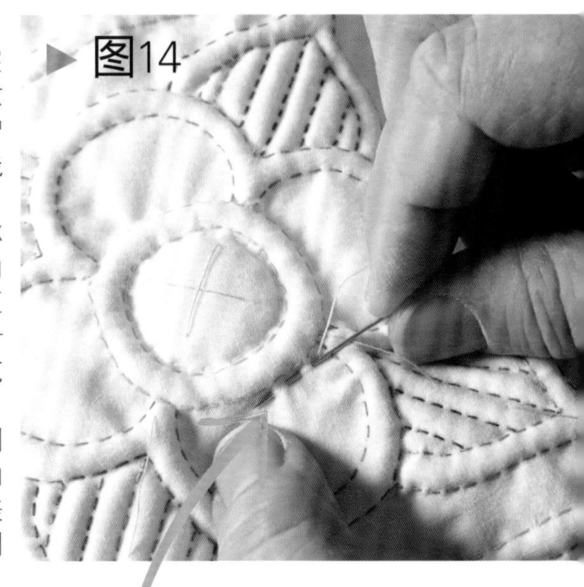

▶ 图14

圆形内侧已经压线完毕，外侧正在压线中

组合

取另外一块正方形白棉布作为针插的背布。把针插表布正面朝下放在正方形白棉布上，小心地用珠针固定，参照缝合线沿三边进行粗缝（疏缝）。再用缝纫机沿此线车缝，记得要留出一边不缝，拐角处以回针缝进行加固。留5mm缝份，剪掉多余的布边，用缝纫机车缝锯齿形线迹进行锁边，或者手缝锁边。剪掉拐角处的尖角，防止布料堆积，小心地翻到正面。

用闭合的剪刀（译者注：也可以使用锥子）小心地将拐角翻好，形成完美的形状。将针插填充紧实，即用玩偶填充棉塞到爆满，就像球形一样。将开口边缝份向内折，用珠针别好，用对针缝缝合开口边。用两手拍击针插使其变平，这会形成一个漂亮的形状，并且排除填充时进入的多余空气。（见图15）

▶ 图15

针插制作完毕

此开口边已用对针缝缝合

花朵图案似乎是由好几层构成的，每一层都缝在背景上，这是最后的压线使人产生的错觉，难以分辨虚实。请认真填充针插，如果填充得不够饱满，就不能固定好针

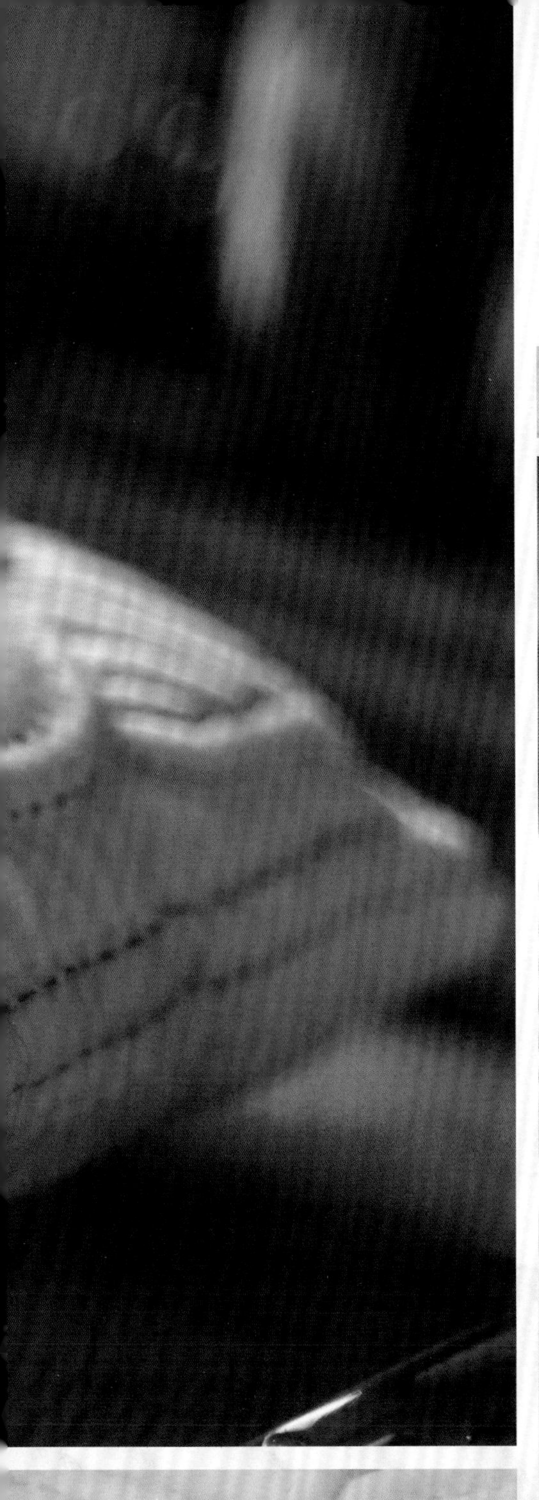

用你喜欢的颜色做出适合自己风格的作品。你甚至可以只用一种颜色的线创作单色作品

应用作品

接下来介绍9个应用作品，用以激发你的兴趣，每个作品都包含了一个简单却非常有效的技法组合，并以惯例方式呈现。每个应用作品的基础构造都相同，真正不同的只是整体设计和针法的使用。针插（参见第30~41页）囊括了所有你需要的细节信息，如果你按照步骤亲手制作，这些应用作品也就自然而然做成了。我们从最简单的开始，逐渐增加难度到更复杂的设计。

每个作品都提供了不同操作阶段的模板，所有的基础轮廓模板在附页中都附有实物等大纸型。为了获得最好的效果，请在开始制作每个作品前仔细阅读所有说明，并且在需要时翻看前面的页面来查找信息。每个阶段都是从作品的中心开始向外进行制作，除非另有说明。请注意，在所有作品的教程中，我全部用“填充”来指代凸纹提花绗缝，用“嵌线”指代意大利式绗缝和法式嵌线中的穿入绗缝羊毛纱线。

月光花针包

▶ 折叠后尺寸14cm×14cm

我非常喜爱那盛开在晚夏的日本月光花，所以将它设计成针包的封面图案。我将花儿风格化，尝试定格它新鲜绽放的样子。我使用了浅色的背景布，并用撞色的单色段染线缝制图案。压线使用的线和背景布颜色相近。内衬布的颜色和花朵缝线的颜色一致。

所需材料

- 一块30cm×19cm的平纹棉布（或绗缝白棉布/平纹细布），我使用了绿色
- 两块30cm×19cm的平纹薄棉布（薄纱棉布）
- 一块30cm×19cm的Thermore絮料（铺棉）；也可以使用57g的涤纶絮料（铺棉），并且小心地以蒸汽熨烫在两块绗缝白棉布（平纹细布）之间，达到同样平整的效果。你不需要再额外加衬，因为絮料（铺棉）非常密实
- 一块28cm×17cm的内衬布料（我使用了亮蓝色）
- 一块边长23cm的正方形毛毡，用于制作针包插针内页
- 60cm长的细窄缎带，颜色与内衬布料相搭配
- 两颗小扣子
- 少量玩偶填充棉（或撕碎的涤纶絮料/铺棉）
- 一束绗缝羊毛纱线
- 机缝线，用于缝制图案（我使用了蓝色）
- 机缝线，用于压线（我使用了和布料相近的颜色）
- 5mm宽的低黏度美纹胶带
- 30cm×19cm的描图纸
- 针
- 填充工具
- HB铅笔

立体绗缝

模板1，实物等大纸型参见附页

1 使用有颜色的布料时，先用铅笔将图案复制到描图纸上，或者用拷贝灯箱来转印图案，再将图案描到平纹棉布上。将平纹薄棉布（薄纱棉布）以网格状粗缝（疏缝）在平纹棉布（绿色表布）的背后，因为这是一个比针插作品更大的设计，所以需要更多粗缝（疏缝）。用平针缝缝制花朵中心的两个圆形。用回针缝缝制所有花瓣和花瓣内部的框架。花朵之外的图案用平针缝缝制。先不要缝从花朵中心辐射出的六条线。

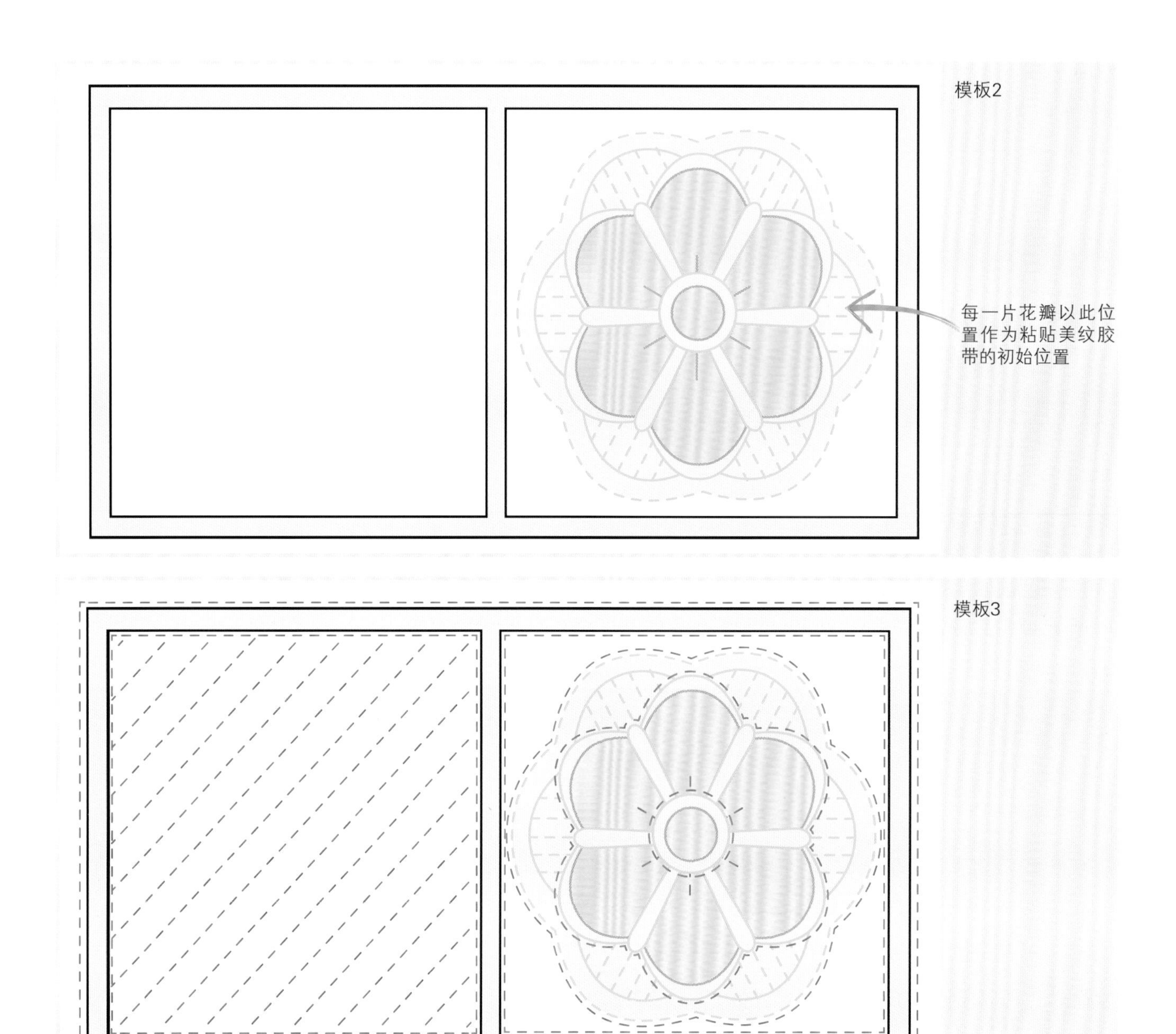

2 使用模板2作为参考，用平针缝缝制所有美纹胶带指引线。从外层花朵轮廓开始，之后缝制花瓣内的平行线。拆除全部粗缝（疏缝）线。熨平作品两面。

3 将作品翻到背面。填充花朵中心和每一片花瓣。使用纺缝羊毛纱线进行嵌线，先沿花朵中心圆形通道嵌线；对花瓣之间的狭窄通道以及花瓣末端的弧形通道进行嵌线，并且在每一个通道的末端剪断羊毛纱线，留线尾；对外层花朵轮廓进行嵌线，在曲线间下凹最低点留小线环；对花瓣内的平行通道进行嵌线，并在每一个通道的末端剪断羊毛纱线，留线尾；最后，对针包中心脊柱和长方形外轮廓进行嵌线，在每个拐角处留小线环。

4 添加絮料（铺棉），并在絮料（铺棉）背后添加第二层平纹薄棉布（薄纱棉布），将所有层粗缝（疏缝）在一起。

5 以模板3作为压线指引。将线换成和背景布相近的颜色。从花朵图案开始，中心圆形完成后沿花瓣外边缘压线，之后沿着针包正面和背面的内边缘分别压线一周。最后，用两条5mm宽的美纹胶带沿对角线方向并排粘贴在针包背面形成1cm宽度，依此压缝平行线。换回最初的线，以大针脚缝制从花朵中心辐射出来的直线，形成花瓣上的压痕。拆除粗缝（疏缝）线。再次用和背景布相近颜色的线，在距离针包外轮廓长方形边缘3mm处，以小针脚的平针缝穿透所有层压线。要确保你能在作品的背面看到针脚。

组合

1 你将看到针包的正面因压线变小了一些，但组合完成后是看不出来的。将它修剪至28cm×17cm，以匹配内衬布料的尺寸。

2 将作品和内衬布料正面相对，用珠针别好进行粗缝（疏缝），要在最外缘、背面可以清楚看到的那一行针脚外侧进行粗缝（疏缝）。

3 将花朵图案那一面朝上，在最外一条压线的内侧，将所有层机缝在一起，注意不要车到压线上！在压斜线一面的短边留5cm长返口，以便翻回正面。修剪掉多余的布料，留下一圈5mm的缝份。小心地剪掉四角以减少布料堆积，将作品翻回正面。仔细地把角翻好。用珠针别好，以对针缝缝合返口。

4 使用中档热度和一块干的熨烫布，沿内衬布料外边缘熨烫。在针包中心和脊柱两侧将所有层粗缝（疏缝）在一起。

5 将正方形毛毡从中间剪开，成为两块23cm×11.5cm的长方形毛毡。这一步你也可以使用狗牙剪（或锯齿状轮刀），将毛毡剪出装饰效果。

6 将一片长方形毛毡放在另一片的上面，用珠针别好，在中间粗缝（疏缝），使其形成“书”的样子。把毛毡“书”放在针包内衬上，用珠针沿“书”脊处固定，检查一下毛毡“书”折叠后是否能恰好合拢。

7 在中心两侧，缝两行细小的平针缝针脚固定“书”页，针脚要缝缀到絮料（铺棉）上。要确保这些针脚不会穿透到针包正面。拆除所有粗缝（疏缝）线。

8 将缎带剪成相等长度的两段。将其中一段对折，再将对折位置缝在针包侧边中心位置内衬布上，然后在缎带对折处缝一颗纽扣使其平整。在针包另一侧边中心位置内衬布上以同样的方法固定另一条缎带和纽扣。折叠针包，把缎带系成蝴蝶结。

打开的针包展示了缝好的“内页”和用小纽扣钉住的缎带

将缎带系成双蝴蝶结

▶ 拓展

按照模板可以轻松地制作出一套同系列缝纫工具。针插使用了相同的设计图，以及边长17cm的正方形布料。剪刀套使用边长20cm的正方形布料，沿对角线裁成三角形制作而成。模板图案的一半画在三角形上，长边多留出1cm。我还在设计图内增加了另一款花瓣图案，用于丰富三角形的尖角。

当使用和背景布料颜色相近的线时，最终压线几乎消失不见

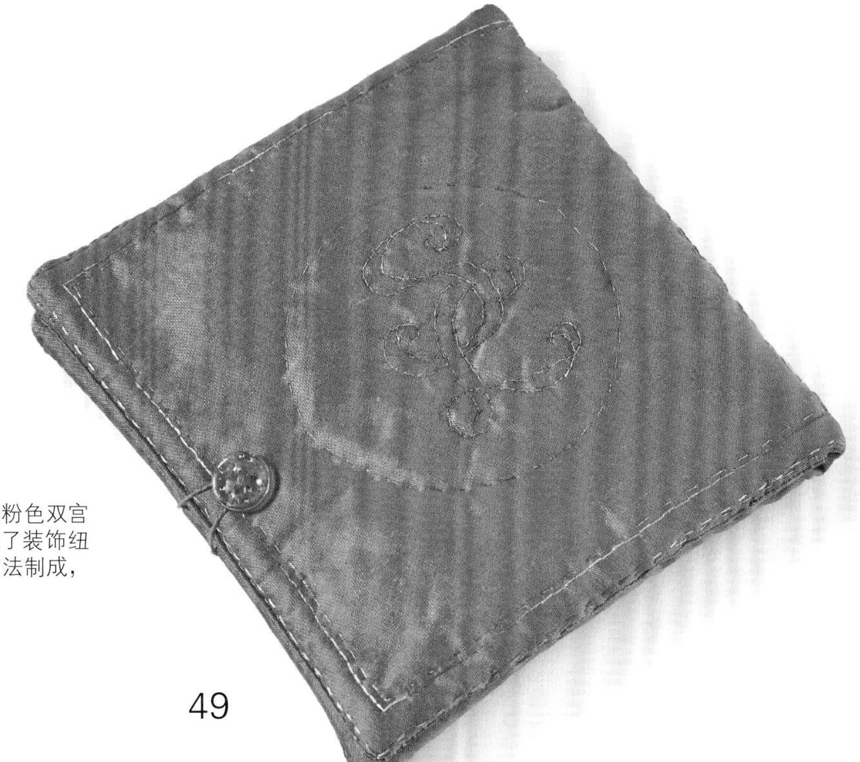

拓展

将交织在一起的姓名首字母图案用金属线缝在粉色双宫丝针包的背面。在这个作品中，我将缎带换成了装饰纽扣和闭合线环。闭合线环采用自绕线（绞线）方法制成，这样更加牢固。请参见第120页。

扭纹水桶包

▶ 28cm×25cm

20世纪50年代早期，“水桶包”成为非常流行的购物袋。它的名字描绘出了包的形状，通常由各种不同颜色的塑料制成，配上钢铆钉来固定提手（从前向后固定），包的上部边缘和底部边缘也进行了装饰。水桶包底部为椭圆形，外观很时尚，并且可以盛纳大量所购物品。我清楚地记得，我的妈妈和姨妈每人都有一个这样的水桶包，有樱桃红色的、黑色的和白色的。我决定制作自己的水桶包，不是用作购物袋，但也要足够大，可以盛纳晚间出行所需的全部用品。我对包型进行了修整，使它看上去更有趣，提手从一侧向另一侧固定，增加了包扣，用来闭合包口。另外，用珍珠造型扣装饰包身。包身前面和后面看起来很像，所以可以同时制作。

所需材料

包身：

- 两块边长36cm的正方形绗缝白棉布（平纹细布），用于制作包身前片和后片
- 四块边长36cm的正方形平纹薄棉布（薄纱棉布）
- 两块边长36cm的57g的正方形涤纶絮料（铺棉）
- 两块30.5cm×28cm的内衬布料

包底（可选）：

- 一块23cm×15cm的绗缝白棉布（平纹细布）
- 两块23cm×15cm的平纹薄棉布（薄纱棉布）
- 一块23cm×15cm的絮料（铺棉）
- 一块19cm×14cm的内衬布料

提手：

- 一条56cm×6cm的绗缝白棉布（平纹细布）
- 一条56cm×4cm的絮料（铺棉）
- 一条56cm×5cm的内衬布料

- 一束绗缝羊毛纱线
- 少量玩偶填充棉（或撕碎的涤纶絮料/铺棉）
- 和水桶包颜色相近的缝纫线
- 淡蓝色、绿色或粉色粗缝（疏缝）线
- 两颗直径2cm的纽扣
- 包身布料和絮料（铺棉）碎屑，用来制作包扣
- 六颗直径2cm的装饰平扣
- 5mm宽的低黏度美纹胶带
- 针
- 填充工具
- HB铅笔

包扣与扣襻。水桶包另一面的配套扣是装饰品

立体绗缝

模板1，实物等大纸型参见附页

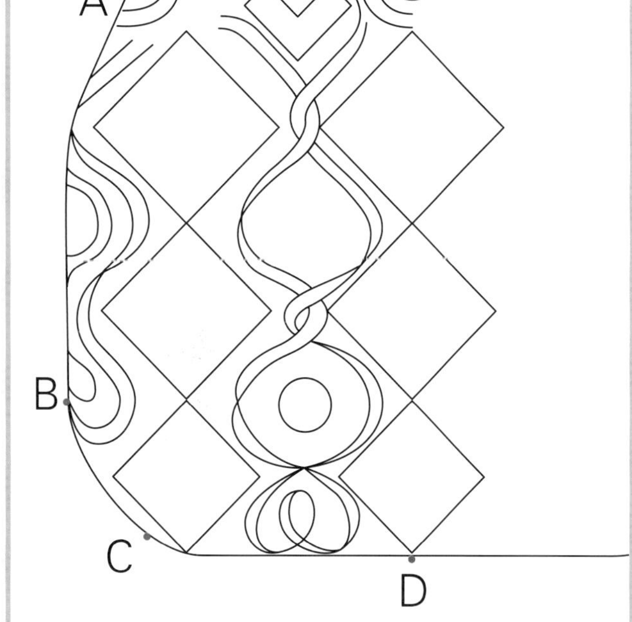

模板2

1 这里的模板是包身的一半，包身图案是对称的，所以你需要利用模板1画出整个图案，即镜像画出另一半图案并对齐中心点（D）。将图纸平置于一块边长36cm的绗缝白棉布（平纹细布）下面，图案四周所留布料均等。确保图案和布料平整，用铅笔将图案，包括后续制作时前片和后片对位需要用到的记号A、B、C、D轻轻描画于布料上。拿掉图纸。将一块平纹薄棉布（薄纱棉布）和画好图案的绗缝白棉布以间距2.5cm的网格状粗缝（疏缝）在一起，并在图案外边缘、距离布边1cm处添加一圈粗缝（疏缝）线。以同样的方法制作好另一片包身。

2 对于这个设计，我用回针缝缝制所有小图形和扭纹图案，以突出特色，尤其是那些互相盘绕的狭窄通道。剩下的菱形图案和包身上方的轮廓用平针缝缝制。缝制所有已描画在布料上的基础线条，包括包身前片和后片。

3 使用模板2作为参考，按照绿色虚线，使用美纹胶带添加所有附加线，制作通道，从菱形的外轮廓开始向中心进行。所有绿色虚线均使用平针缝缝制。在包身上边缘处，要小心地弯曲美纹胶带使其沿着弧形图案粘好。以同样的方法制作好另一片包身。拆除包身的粗缝（疏缝）线，仅留下外轮廓的粗缝（疏缝）线。

4 将作品翻到背面，填充好模板2中所有粉色的区域。请注意每一处都不要填充过度。重复填充好另一片包身。接下来进行嵌线。对于单独的图案，如果你一定要嵌入羊毛纱线，请只在图案的拐角或者图案内可能出现“V”字形的地方嵌入。从扭纹通道开始，你可以在非常狭窄的通道里嵌入羊毛纱线，因为它纺织时并没有紧捻，所以恰好适合嵌入通道。从包身底部边缘开始向上进行。每一条通道单独嵌线，在通道开始和结束的地方都留好线尾。穿入时不要硬拽羊毛纱线，缓慢地嵌入每一条通道里，注意不要拉出褶皱。接下来穿嵌那些形成菱形图案的同心方块：从靠近图案中心的通道开始向外进行，每个拐角留线环，每一条菱形图案的通道都单独嵌线。接下来，为其中一片包身的顶部边缘嵌线，较宽的通道可以嵌入双股羊毛纱线。剪一段大约66cm长的羊毛纱线，把它穿入包顶的通道，包顶有两条通道，先缓慢而仔细地嵌入靠内侧的通道，不要让纱线聚集在顶部或角落。最后穿嵌最外侧的通道。之后以同样的方法穿嵌包身的另一片。

5 用珠针别好，并且将包身的前片和后片，分别与絮料（铺棉）、平纹薄棉布（薄纱棉布）以网格状粗缝（疏缝）在一起。

6 参考模板2中红色虚线完成压线。使用和缝制图案相同的线，从包身图案中间开始，从上向下、从内向外一直到外侧边缘进行压线。最后，沿着顶端通道的两侧边缘进行压线。以同样的方法在另一片包身上进行压线。换成彩色粗缝（疏缝）线，在外边缘用非常小的针脚穿透所有层粗缝（疏缝）：具体位置在距离顶端边缘5mm处、距离侧缝和底边3mm处。

7 利用下方模板缝制包底：将图案描画在绗缝白棉布上，拿掉图纸，在背后粗缝（疏缝）一块平纹薄棉布（薄纱棉布）。使用平针缝缝制主图。如模板2所示，按照绿色虚线，使用美纹胶带添加附加线，制作通道。拆除粗缝（疏缝）线，仅保留最外侧的。包底没有任何凸纹提花填充，所以从背面像之前那样穿嵌所有菱形图案，菱形图案之外的区域用双股羊毛纱线进行嵌线，之后在包底轮廓边缘穿嵌单股羊毛纱线。在背后添加絮料（铺棉）和平纹薄棉布（薄纱棉布），粗缝（疏缝）在一起，参考模板2中红色虚线，从中心向外完成压线。拆除粗缝（疏缝）线，在距离最外侧压线3mm的地方沿外边缘再压缝一圈。

该细节图展示了进行回针缝并带有装饰平扣的扭纹图案，进行平针缝的菱形图案，以及最后压线形成的立体效果

包底，模板1，实物等大纸型参见附页

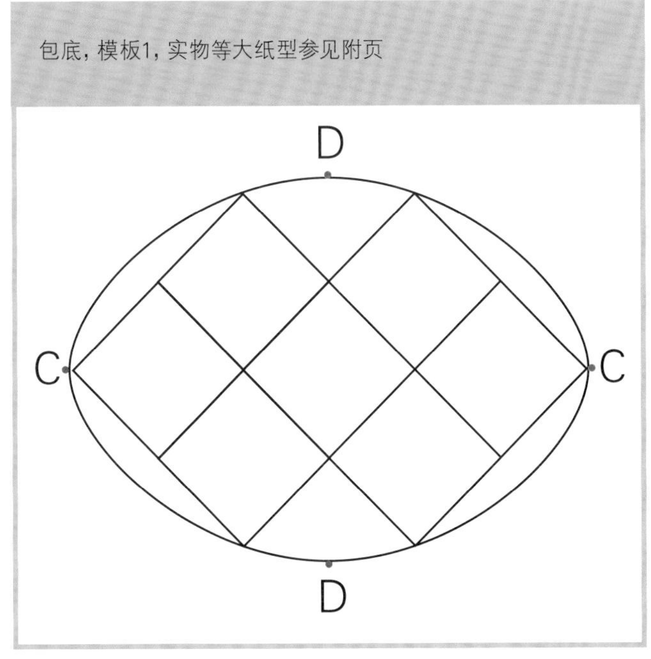

包底，模板2

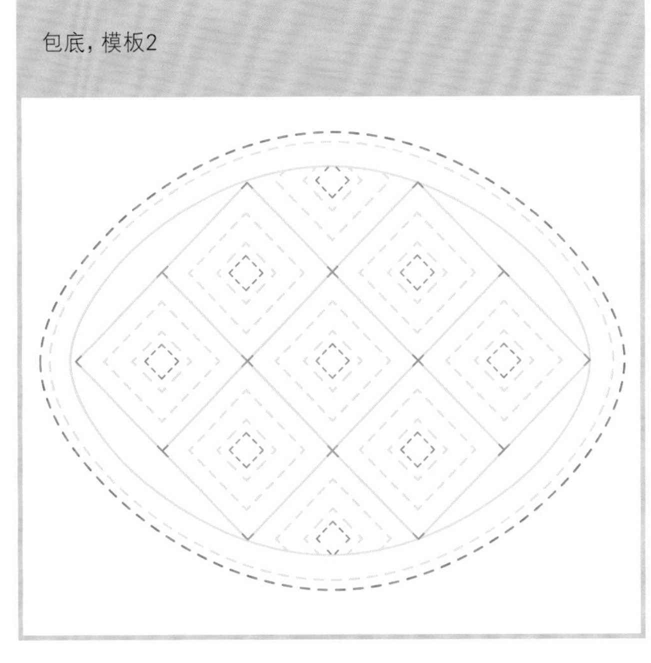

组合

1 在图纸的轮廓外增加1cm缝份，包底也一样。使用针脚大约5mm长的平针缝，按图纸的轮廓线同时将所有层缝在一起。包身的前片和后片均如此制作，这样是为了保持布料稳定。沿缝份线修剪包身的前、后片。距离最后嵌线通道1cm处修剪包底。

2 使用其中一片包身作为模板，剪一块与其尺寸相同的包身内衬布，并且在内衬布上做好对位标记。以同样的方法裁剪好另一块包身内衬布。使用包底作为模板，裁剪一块包底内衬布。搁置一旁。

3 拆除粗缝（疏缝）线，沿着包身顶部边缘以平针缝缝到点A，然后小心地靠近压线修剪平纹薄棉布（薄纱棉布）和絮料（铺棉）。沿着缝线把绗缝白棉布（平纹细布）的缝份向背面折叠，用珠针固定，用小针脚的人字缝缝到背面的絮料（铺棉）上。聚拢绗缝白棉布（平纹细布），围绕顶部凸出的曲线剪一些小牙口，使其围绕下凹的曲线向侧缝伸展，用珠针固定，然后缝合。（如果你不想加包底，参看右下角的提示框中我的一些建议。）

4 拆除包身两侧边和底边以及包底的平针缝缝线，靠近彩色粗缝（疏缝）线迹修剪掉缝份处的平纹薄棉布（薄纱棉布）和絮料（铺棉）。将两片包身正面相对，对齐菱形图案以及侧边的对位标记，用珠针别好，进行粗缝（疏缝）。之后用缝纫机，以中等长度针脚在彩色粗缝（疏缝）线迹内侧沿画好的缝纫线从点B车缝到点C。查看正面是否对齐。如果需要的话，进行一些调整，之后再将包身另一侧的点B到点C之间车缝好。

5 缝上包底需要两步。首先将包底放入正确的位置，然后将包底一半的对位记号点C到点D到点C和一片包身对齐，用珠针固定，然后粗缝（疏缝）在一起。再以同样的方法缝好另一半。在第一条缝线外侧3mm处再缝一条线，之后将缝份修剪至5mm。

6 将包身对齐，用珠针别好，粗缝（疏缝），从点B到点A分别车缝包身的两侧边，留1cm缝份。像步骤5那样再缝第二条线，缝制双线以加固点A开口处。把包翻到正面，检查菱形图案是否对齐。以同样的方法缝制内衬布，但不要翻回正面。

7 在包身正面、侧面和背面缝好装饰扣。要使用两眼或四眼的平扣，这种扣子能平贴包身而不是突出去。

8 使用剩余的绗缝白棉布（平纹细布）斜裁一条11cm×2cm的布条。将其正面相对沿短边对折，留5mm缝份，沿长边车缝起来，形成管状。小心地翻到正面，熨烫。再将其对折成环形后牢牢地固定在包身后片内侧距包口边缘1cm处中心位置。此为扣襻。

9 将内衬布放入包中，对齐侧缝，用珠针固定，将缝份打开压平。继续用珠针将其与外包包口固定在一起，内衬布应该长出1cm，沿包口剪齐。如果内衬布有余量，可以在每个侧缝处制作小褶。

10 沿包口边缘，距离布边大约5mm处将内衬布向里折，用珠针别好，粗缝（疏缝）固定。在侧边弯曲的包口处，将内衬布在距离边缘3mm处向里折并固定，包看起来会更平整。用小针脚的对针缝或藏针缝将内衬布固定在包口。

11 接下来是制作提手。将内衬布与绗缝白棉布（平纹细布）正面相对，用珠针别好，留5mm缝份，沿长边缝在一起。由于内衬布比绗缝白棉布（平纹细布）更窄，从同一端开始缝能防止布料扭曲。将布条翻回正面，熨平，使内衬布两侧的绗缝白棉布（平纹细布）看起来一样多，效果如同镶边。内衬布面将作为正面。往里塞入絮料（铺棉）来衬垫布条，要小心塞入以保持平整，再次轻轻熨平。在距离边缘5mm处用细小的平针缝针脚将两端的开口缝合。沿缝线将每端布边向正面折（内衬布那一面），再将两侧边向中间折使提手的两端宽度变成2cm，粗缝（疏缝）起来。

12 将提手在弯曲包口的内侧、侧缝顶端下方2cm处，以对针缝牢牢地固定。

13 按照制作说明，用小块绗缝白棉布（平纹细布）包两颗扣子。在包布之前我通常会在纽扣上覆盖一小块圆形絮料（铺棉），这样会使包扣效果更好。在包身前片和后片顶部边缘的中心位置固定包扣，扣入扣襻内，完成。

可选包型

如果不想要包底，可直接对齐包身前片、后片的图案，从点B缝到点C到点D再到点C到点B，之后缝合侧缝的点B到点A。再增加第二圈缝线，从点A直接缝到下一个点A。以同样的方法制作内衬布。

如果你不想嵌线和填充，可以做成平底并进行十字交叉的网格状压线。如果你想保持包底平整，则需要加入硬衬，否则包的轮廓会变形

包口，内衬用对针缝固定，提手则被固定在侧缝内侧

◀ **拓展**

一个小巧的晚宴包，尺寸为18cm×16.5cm

这个设计很容易被制作成更小尺寸的。此版本用纺缝白棉布（平纹细布）制作，最初的缝线使用了黑色；所有压线使用金色线。包身由前片、后片组成，没有包底。沿包口边缘使用回针缝缝制单通道的轮廓线。使用印有金色碎冰图案的黑色布料作为内衬。我还用了两颗黑色和金色混杂的复古扣配合扣襻来系合包口。

走出印度的抱枕

▶ 43cm×43cm

佩斯利图案是复杂的、抽象的、弯曲的泪珠形状，源自波斯地毯的棕叶图案，这个设计可以追溯到2000多年前。这个抱枕与我的绗缝被作品《交响曲2000》（参见第124、125页）是同一系列，源于佩斯利图案中心的一个小线稿。当我决定了成品尺寸后，就放大最初的草图，并进行修改直到我满意，修改的过程通常受尺寸、设计图形，以及是否适合技法的运用的影响。在抱枕上，我还增加了打结绗缝、单线点刻绗缝和钉珠装饰。

所需材料

- 两块边长50cm的正方形绗缝白棉布（平纹细布），作为抱枕的前片和后片
- 两块边长50cm的正方形平纹薄棉布（薄纱棉布）
- 一块边长50cm的57g的正方形涤纶絮料（铺棉）
- 一束绗缝羊毛纱线
- 少量玩偶填充棉（或撕碎的涤纶絮料/铺棉）
- 和抱枕布料颜色相近的缝纫线
- 浅蓝色、绿色或粉色粗缝（疏缝）线
- 5mm宽的低黏度美纹胶带
- 和抱枕布料颜色相近的绣花线或者细钩编线
- 边长43cm的正方形枕芯
- 针
- 填充工具
- HB铅笔
- 30颗直径2mm的珠光珠
- 钉珠针

立体绗缝

模板1，实物等大纸型参见附页

1 取一块边长50cm的正方形绗缝白棉布（平纹细布）。另一块暂且搁置一边。确保图纸放置在平坦的表面，并将绗缝白棉布（平纹细布）直接放在图纸的上方，图案四周所留布料均等。保证布料平整，用铅笔在布料上轻轻描画出模板1上的图案。将一块平纹薄棉布（薄纱棉布）放在画好图案的绗缝白棉布的背后，以间距2.5cm的网格状将两块布粗缝（疏缝）在一起，并在图案之外距离抱枕模板边界1cm处添加一圈粗缝（疏缝）线。

模板3

2 返回参考模板1，以回针缝缝制佩斯利旋涡花纹中所有的小图形，心形图案和心形图案中心，尖角图形，围绕佩斯利花纹的扇形内侧边缘，以及四角扇形边缘内部的图案。剩下的区域则使用基础平针缝缝制。所有描画在布料上的基础线都要缝制 。

3 参考模板2添加所有附加线，在指示的地方使用美纹胶带制作间距5mm的平行通道，以平针缝缝制。必要之处你可以小心地沿曲线图案弯曲胶带。从作品上拆除粗缝（疏缝）线，仅留下图案外边缘的粗缝（疏缝）边框。仔细熨烫作品两面。

4 将作品翻到背面，填充模板3中所有粉色区域。注意不要过度填充，尤其是佩斯利花纹中非常小的图形。不要忘记填充四角的图案。

5 返回参考模板2进行嵌线。从环绕已填充佩斯利中心图的通道开始。嵌线时不要用力拉拽羊毛纱线，将羊毛纱线慢慢穿入每一条通道中。继续嵌线直至完成图案，记得在图案改变方向的地方留下小线环。对于柔和的曲线，如果是连续的或成排的，只需要在每一条的底部留线环。接着穿嵌围绕中心图案的连续大扇形通道。四角处，首先穿嵌扇形图案，之后分别穿嵌平行通道，每一次离开和进入通道时都需要留线尾。

6 对图案边缘的边框进行嵌线。这将使抱枕四角清晰、方方正正，而且组合时也不需要再制作任何嵌条（出芽）。如果你很小心，可以使用更长的羊毛纱线，但也不要超过1m。在每一个拐角留线环，如果羊毛纱线需要拼接，还需要留线尾。如果你使用预缩过的羊毛纱线，只需要在拐角留线环即可保持角的方正；如果你使用未预缩过的羊毛纱线，必须每隔7.5cm留线环，以预留缩量。

7 将絮料（铺棉）及平纹薄棉布（薄纱棉布）放在抱枕表布的背面，用珠针别好，以网格状粗缝（疏缝）在一起。然后和之前一样粗缝（疏缝）外轮廓边缘。

8 参考模板3进行压线。现在你只需要对选定区域进行压线，就会形成更立体的效果。从抱枕的中间开始，使用基础绗缝针法，从中心向外压线。使用缝制图案时所用的线，在模板

3中心粉色圆点区域内，以小针脚、单线进行点刻绗缝。之后在背景区域中粉色圆点标记的地方也进行点刻绗缝。这是一种比较慢的压线方式，但令人印象深刻。如果你喜欢，也可以使用间距1cm的网格线对此区域进行压线。橙色星形标记处是需要添加打结绗缝的地方。对你选择的线进行打结测试（在抱枕周围多余的布料上进行），看看它是否能系得牢固。双线穿针，从作品正面入针，穿透所有层，从背面出针，在作品正面留2cm长的线尾。再从距离出针点2mm的地方入针，从作品正面出针，紧紧地系个双结。留同样长度的线尾，剪断。在星形标记的地方全部进行打结绗缝。在图案中心心形聚集的地方，也添加四个结。如果打出的结很松散，但是你又非常喜欢你所使用的线，则必须用缝纫线在每个结上缝一小针对其加固。

9 在模板3蓝色圆点标记的地方用珠光珠进行装饰，要用钉珠针穿透所有层，将其牢牢钉好。

10 换成彩色粗缝（疏缝）线，用非常小的粗缝（疏缝）针脚，穿透所有层，在抱枕最外缘压线的外侧3mm处进行缝制。

组合

1 第二块绗缝白棉布（平纹细布）用来作为抱枕的后片。把已经绗缝过的抱枕前片正面朝下放在后片上面，用珠针别好，沿彩色粗缝（疏缝）参考线进行粗缝（疏缝），轻轻拉伸前片，使其四边与抱枕后片对齐。

2 按粗缝（疏缝）线车缝，其中一边留20cm开口作为返口。拐角处多缝一遍加固。机缝线外留大约5mm缝份，将多余的布边剪掉，使用缝纫机的Z形线迹或手缝锁边使缝份平整。

3 剪掉拐角处的尖角以减少布料堆积，从返口翻回正面。使用闭合的剪刀小心地整理拐角处。从开口处塞入枕芯。如果抱枕看起来过于扁平，试着塞入一个稍大的枕芯，或者用羽绒枕芯，它会比涤棉枕芯略重。用珠针别好并粗缝（疏缝）返口，之后用对针缝缝合返口。将所有打结绗缝的线尾都修剪成5mm长。

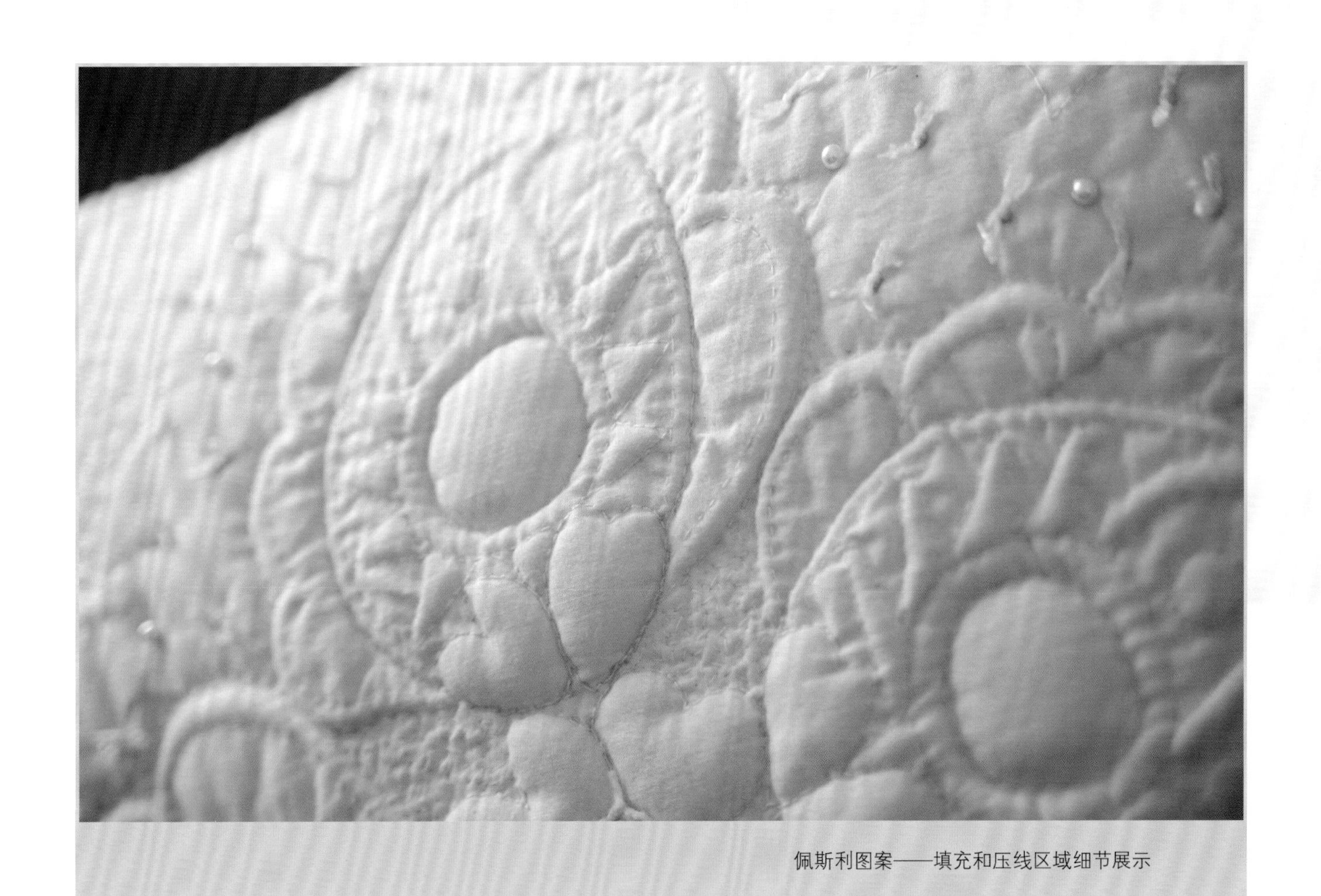

佩斯利图案——填充和压线区域细节展示

珠绣与打结绗缝

小针脚单线点刻绗缝。针脚长度为3mm或5mm，这里全部为3mm

抱枕中心，展示了点刻绗缝与打结绗缝。最后的压线突出了立体效果，在抱枕表面形成了层次丰富的视觉印象。珠光珠为织纹表面增加了淡淡的奢华感，并与亚光的白棉布（平纹细布）形成对比

应用作品4

蓝色大丽花绗缝被

▶ 138cm×138cm

曾经有人告诉我，他们喜欢利用浮雕技巧制作立体绗缝被这一创意，但是在很大一整块布料上着手制作图案，多少有些令人却步。因此我设计了一款绗缝被，是由中心立体绗缝的区块组合而成的，这是两全其美的方法，因为它可以是碎布拼贴绗缝被，也可以是每一区块都用相同布料制作而成的绗缝被。虽然该作品是由9个区块组成的，但你也可以通过增加区块或者减少区块，把它做成任何你想要的尺寸。

大丽花有多种尺寸、形状和色彩，我最爱它们大大的蓬乱的花朵。我清楚地记得，在我的孩童时代，秋天时，村子里很多人家的前花园中都开满了大丽花。我对微小的球形蓓蕾能长成华丽的、多重花瓣的花冠感到惊奇。大丽花是每一个区块中心的起点。这款绗缝被的立体中心非常简洁，区块1和区块2两款配色中邻近色系的加入使绗缝被更有吸引力。中心图案都完全相同，并且用彩色线缝制，可以从布料上突显出来。边框的压线图案与区块中心的立体图案相互映衬，我还为这款绗缝被增加了细窄的边条和包边，用和花朵中心花瓣缝线颜色相同的布料制作，和整体色彩形成对比。平扣装饰代表蓓蕾。在开始制作之前，先用多余的布料制作一个区块来熟悉 下结构，这是个不错的主意。

所需材料

布料均为112cm幅宽，除非另有说明。

9个立体中心区块：

- 1.5m绗缝白棉布（平纹细布），用于制作区块和边框
- 81.5cm平纹薄棉布（薄纱棉布），1m幅宽
- 象牙白色机缝线
- 和边条布料颜色一致的彩色机缝线，用于缝制中心图案

制作立体中心周边的5个正方形“区块1”：

- 1.5m布料用于模板B（包括边框布料）的制作
- 50cm布料用于模板C的制作
- 50cm布料用于模板D的制作
- 25cm布料用于模板E的制作（也包括足够制作正方形“区块2”的布料）

制作立体中心周边的4个正方形“区块2”：

- 50cm布料用于模板B的制作
- 50cm布料用于模板C的制作
- 50cm布料用于模板D的制作

- 1.5m布料，用于制作细窄的内边条和包边条，颜色要与区块1和区块2形成对比：我选择了桃红色，匹配花朵的内层花瓣
- 1.5m深色布料，用于制作区块的外边条，我选择了宝蓝色
- 1.5m背布，1.5m幅宽，或者使用剩余布料拼缝起来
- 边长154cm的57g的正方形涤纶絮料（铺棉）：从卷轴上裁剪下来的Poly-down絮料（铺棉）
- 两束绗缝羊毛纱线
- 一袋玩偶填充棉（或撕碎的涤纶絮料/铺棉）
- 两轴颜色搭配的缝纫线，用于缝合绗缝被
- 浅色粗缝（疏缝）线，可以在印花布上突显出来
- 5mm宽的低黏度美纹胶带
- 1cm宽的低黏度美纹胶带
- 少量中等克重热熔衬，用于制作压线模板
- 针
- 填充工具
- HB铅笔
- **可选：**54颗直径1cm珍珠平扣，作为装饰（不要使用有扣柄的暗眼扣，因为固定在绗缝被上后并不贴合）

准备区块

纤缝被的9个区块都按下列方法制作：9个区块的立体中心（A）完全相同，之后是在周围拼接彩色布块，形成5个以浅色布为特征的“区块1”，以及4个以深色布为特征的“区块2”。按以下说明裁剪布料，准备好所有布块。模板参见附页。

▶ 区块1（浅色布料，制作5个）

- **模板B**：从该布上裁剪8条4cm宽、1.5m长的布条，搁置一旁，用来制作边框
  裁剪10块边长17cm的正方形布料，再沿对角线裁开，形成20块三角形布料
- **模板C**：裁剪10块边长15.5cm的正方形布料，再沿对角线裁开，形成20块三角形布料
- **模板D**：横穿布料的幅宽方向，裁剪10条5cm宽的布条，使用模板将它们裁成20对平行四边形布料
- **模板E**：裁剪9块边长10cm的正方形布料，再沿对角线裁开，形成18块三角形布料

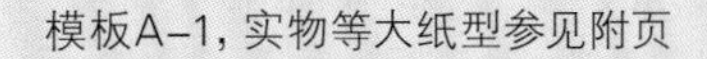

▶ 区块2（深色布料，制作4个）

- **模板B**：裁剪8块边长17cm的正方形布料，再沿对角线裁开，形成16块三角形布料
- **模板C**：裁剪8块边长15.5cm的正方形布料，再沿对角线裁开，形成16块三角形布料
- **模板D**：横穿布料的幅宽，裁剪10条5cm宽的布条，使用模板将它们裁成16对平行四边形布料
- **模板E**：裁剪9块边长10cm的正方形布料，再沿对角线裁开，形成18块三角形布料

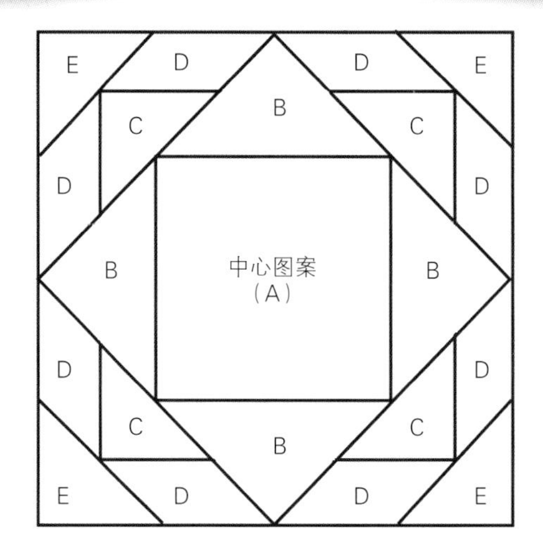

立体纤缝

模板A–1，实物等大纸型参见附页

模板A–2

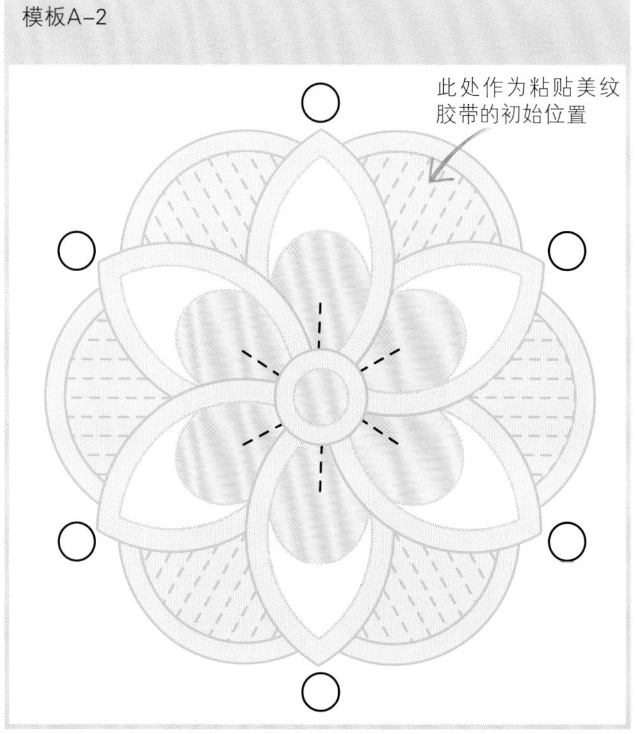

▶9个立体中心区块

1 用纺缝白棉布（平纹细布）裁剪4条6cm宽 、1.5m长的布条，用于制作边框，先搁置一旁待用。用纺缝白棉布（平纹细布）裁剪9块边长26.5cm的正方形布料。用平纹薄棉布（薄纱棉布）裁剪9块边长26.5cm的正方形布料。

2 在每一块纺缝白棉布（平纹细布）上居中画边长20cm的正方形，四周多余的布料均等。将图纸放在平坦的表面，直接将纺缝白棉布（平纹细布）放在图纸上方，布料要放平整，按照模板A–1描画正方形的边框线，再用铅笔轻轻将图案描画在布料上。

3 去掉模板。将一块平纹薄棉布（薄纱棉布）放在画好图案的纺缝白棉布（平纹细布）的背后，用珠针别好，以间距2.5cm的网格状粗缝（疏缝）在一起，并沿画好的正方形外缘添加一圈粗缝（疏缝）线。

4 接下来从中心向外缘缝制主图，全部使用平针缝缝制。不要缝制环绕花朵图案的六个小圆，这些是固定扣子的位置，除非你打算对它们进行填充。不要缝制花朵中心向每一片花瓣辐射出来的短线。

5 参考模板A–2，按标示缝制附加线。使用美纹胶带创建5mm宽的通道。拆除作品上的粗缝（疏缝）线，仅留下图案最外侧的粗缝（疏缝）线。熨烫两面。重复以上步骤制作全部9个立体中心区块。

6 参考模板B裁出36片三角形布料。其中4个主图区块搭配深色布料的三角形，5个主图区块搭配浅色布料的三角形。每个三角形的长边都向内折进5mm。将长边与主图区块拼缝，折痕处与主图的边框线对齐。修剪纺缝白棉布（平纹细布）的缝份，使其与三角形布料缝份一样。重复制作，在该主图区块的对边拼缝另一块三角形，从中间向外熨烫。最后，以同样的方法在另两边拼缝剩下的两个三角形。以同样的方法制作好其他8个区块。

7 填充中心。把作品翻到背面，填充模板A–2中标示的粉色区域。如果你不希望布料表层扭曲变形，请注意每个图形都不能过度填充。重复填充好其他8个区块。

8 嵌线。从图案中心开始，先穿嵌圆形。接着穿嵌尖头花瓣，在图案变换方向的地方留下小线环。接下来对外圈花瓣外侧的通道进行嵌线，之后单独穿嵌每一条平行通道。开始和结束嵌线时，都须留下大约5mm长的线尾。重复制作好其他8个区块。

9 检查所有区块尺寸是否相同。经测量，它们应该是边长大约29cm的正方形。

模板A–3

细节，区块1，展示了已完成的立体纺缝中心区块和缝好的装饰纽扣

制作拼布区块

1 除非另有说明，全部留5mm宽的缝份。制作区块1的正方形。用珠针别好，粗缝（疏缝），之后将一对模板D平行四边形布片和模板C三角形布片的两个短边分别缝合在一起（参考第64页图示）。如果有必要，修剪略短的边使布条宽度为10cm。从C布片向外熨烫。再增加模板E三角形布片，制作成区块的一个角。将缝份倒向角进行熨烫。每一阶段都进行熨烫，这是非常重要的。重复这个过程制作好区块1的其余部分。确保区块1的20个拼接三角形尺寸都相同。

2 用珠针别好，粗缝（疏缝），将步骤1做好的拼接三角形分别缝在5个立体中心区块的四周。和之前一样，先缝对角的两个，再缝剩下的两个，这样就做好了5个正方形区块，每一个正方形边长的测量尺寸大约为40cm。

3 重复步骤1、2，制作区块2的16个拼接三角形，将它们分别与4个立体中心区块缝合。如果有必要，修剪所有区块使它们尺寸相同。

4 以图示作为参考，将9个区块按3x3、区块1和区块2交叉排列。把它们固定在床单或者设计墙上，这样在组合过程中，能确保区块的顺序正确。把所有区块拼缝起来，形成交替组合的三个横条。

5 仔细地将第一排和第二排正面相对对齐，用珠针别好，粗缝（疏缝）在一起。然后缝合，拆除粗缝（疏缝）线，打开缝份并熨平。以同样的方法把第三排和第二排缝合起来。像之前那样熨烫。在组合完成的表布四边沿缝份用小针脚粗缝（疏缝）。在每一边中点的缝份上做出标记。

制作边框

1 测量表布四边尺寸，此时大约是117cm。从1.5m长的撞色（桃红色）布上，裁剪4条2.5cmx119cm的边条布。在每条边条布的正面标记中点。将每条边条布背面相对，纵向对折，熨平，再打开。用珠针把布条中点和表布缝份上标记的中点对齐别好。此时布条和表布正面相对，沿折痕线将布条与表布缝合。将撞色布向后折叠，此时撞色布条背面相对、正面朝上、布边对齐，用珠针别好，在布料正面，在折痕下方5mm处穿透所有层缝合。花些时间，做得精准一些。在表布的对边重复以上步骤缝上边条布，然后剩下的两边以同样的方法缝上边条布。

2 从1.5m长的深色（宝蓝色）布上，裁剪4条2.5cmx119cm的边条布。像之前那样在长边上标记好中点。将一条深色布条用珠针固定在撞色布条上，正面相对，中点对齐，布边对齐，并在步骤1留下的缝份之上刚好能覆盖住这一条缝线的地方穿透所有层缝合。将深色布条折回正面并熨烫，缝份倒向外侧边条布。在表布的对边重复以上步骤缝上深色边条布，然后剩下的两边以同样的方法缝上边条布。

3 接下来制作斜接的边框。使用之前裁剪好的绗缝白棉布（平纹细布）布条和区块1模板B布的布条，在绗缝白棉布（平纹细布）布条两侧各拼接一条模板B布的布条，制作好4条边框。熨烫缝份，使缝份倒向模板B布。

4 将步骤3做好的每一条边框横向对折，用珠针标记好中点。找到表布各边的中点，并用同样的方式做好标记。开始缝制四边：将边框条和表布正面相对，中点对齐，布边对齐，用珠针固定好。边框条在每端的重叠部分都应均等。留缝份5mm进行缝合，缝合时要在距离表布每端5cm处开始和结束。将边框条折回正面并熨烫，缝份倒向外侧边框。重复以上步骤缝好所有的边框条。

5 将四角重叠的部分折向背面，斜着进行拼接。斜接处，于作品正面穿透布料以对针缝缝合。翻到背面，沿对针缝接缝处进行机缝，留1cm缝份，剪掉多余的布料。打开缝份并用拇指按平，熨烫平整。完成每一个角的斜接，做好边框。

6 制作最后的边框，再次测量表布各边，现在大约是134cm长。从深色布料上裁剪2条3cm×134cm的边条布。将一条边条布与表布的一边缝合，缝份倒向外侧边框。重复制作好对边的边条布。

7 从深色布料上再次裁剪2条3cm×140cm的边条布。将它们和表布剩下的两条边缝合（顶边和底边）。表布的边长，现在测量尺寸大约是140cm。如果你使用的不是一整块布，可以从剩余的布料中拼接出一块边长150cm的背布。

细节，区块2，右上角可以瞥见用撞色布制作的与中心区块缝线颜色呼应的非常窄的边条

上排，从左至右，区块1、2、1
中排，从左至右，区块2、1、2
下排，从左至右，区块1、2、1

组合绗缝被

1 将背布正面朝上放置于絮料（铺棉）之上，用大针脚呈星形放射状将其粗缝（疏缝）在一起。再将其翻过来，使絮料（铺棉）在上，将绗缝好的表布放在絮料（铺棉）上面，居中，四周所留布料均等。将三层以间距7.5cm的网格状粗缝（疏缝）在一起。缝制过程中，需要经常检查一下背布，确保保持平坦。

2 从立体中心区块开始压线。使用象牙白色机缝线，沿立体区块进行落针压线，之后参照模板A-3（第65页）对花朵图案进行压线。

3 对模板B进行压线，从三角形的外边缘开始，围绕正方形的四边做落针压线。使用1cm宽的美纹胶带作为基准在模板B上环绕压线。压线的时候从模板外边缘向中心进行。

4 对模板C进行压线，先对其轮廓进行落针压线，之后间隔1.5cm向区块的中心进行回波状压线。

5 对模板D进行压线，沿区块轮廓进行落针压线。对模板E进行压线，在模板D和模板E拼接的缝份处进行落针压线。

6 用同样的方法对9个区块进行压线。

7 沿区块与边框布条接缝处进行落针压线。在深色布条与模板B布条拼接之处进行落针压线，沿着绗缝白棉布（平纹细布）边条的两边进行落针压线，然后是在它与最后边框布条相接的地方进行压线。

8 在距离最后边框拼接处1cm的位置，以小针脚的平针缝穿透所有层进行缝制。此时应余留5mm的边界，这是绗缝被的边缘。修剪掉多余的絮料（铺棉）和背布，与此边缘平齐。经过中心测量绗缝被两边之间的距离，这将是绗缝被的最终尺寸，因为压线会使尺寸变小一点。现在它大约是边长138cm的正方形。

9 接下来是包边。从撞色布料上裁剪2条3cm×137cm的布条。从绗缝被的一条边开始，将布条和绗缝被正面相对，布条的毛边与绗缝被的边缘对齐，用珠针固定好，在距边缘5mm处，使用缝纫机以中等长度针脚车缝所有层。

10 将包边条折向绗缝被背面，保持平整，并且覆盖住绗缝被的毛边。将包边条毛边再次向内折叠，直至上一条缝线处。用卷边缝或小针脚的对针缝将包边条的折痕处手缝固定在绗缝被的背面。在绗缝被的对边以同样的方法缝制另一条包边条。

11 从撞色布料上裁剪2条3cm×140cm的布条。以同样的方法添加剩余的包边条，但是记得在把包边条缝合于绗缝被正面之前，每端都需要预留1cm余量以便于重叠。

12 折叠包边条末端余布，制作出整齐的正方形拐角，继续使用之前的方法缝好包边条。以同样的方法缝制好绗缝被最后一边的包边条。

13 用完整的花朵图案压线模板F（参见附页）对模板E的部分进行压线。用中等克重的热熔衬制作模板。先将两片热熔衬熨烫在一起，在衬上描画图案，再仔细地剪下图案。把图案模板用珠针固定在压线区域，沿轮廓压线。因为热熔衬比较柔韧，所以很容易沿着它压线，并且可以使用很长时间。你也可以把模板先粗缝（疏缝）固定在正确的位置上，再压线。或者你喜欢自由画图进行压线。

14 如下图所示，使用四分之三花朵图案模板G（参见附页）在绗缝白棉布（平纹细布）边框的4个拐角压线，使用模板H（参见附页）在每一条边框的中点压出半朵花朵图案。我所用的线是浅绿色段染线。

15 如下图所示，完成剩余边框的压线：我用半圆形来表示边框中每一个要添加的半朵花朵图案，使用模板I（参见附页）压线制作而成。先制作若干半朵花朵图案模板I并沿边框内侧摆放好，从拐角向中点压线。要根据边框空间均匀摆放这些半朵花朵图案模板。再沿边框外侧放置好这些半朵花朵图案模板并压线。

16 分别在每一个立体区块上缝缀6颗珍珠平扣。也可以不缀扣子，而是对此处的圆形进行压线。

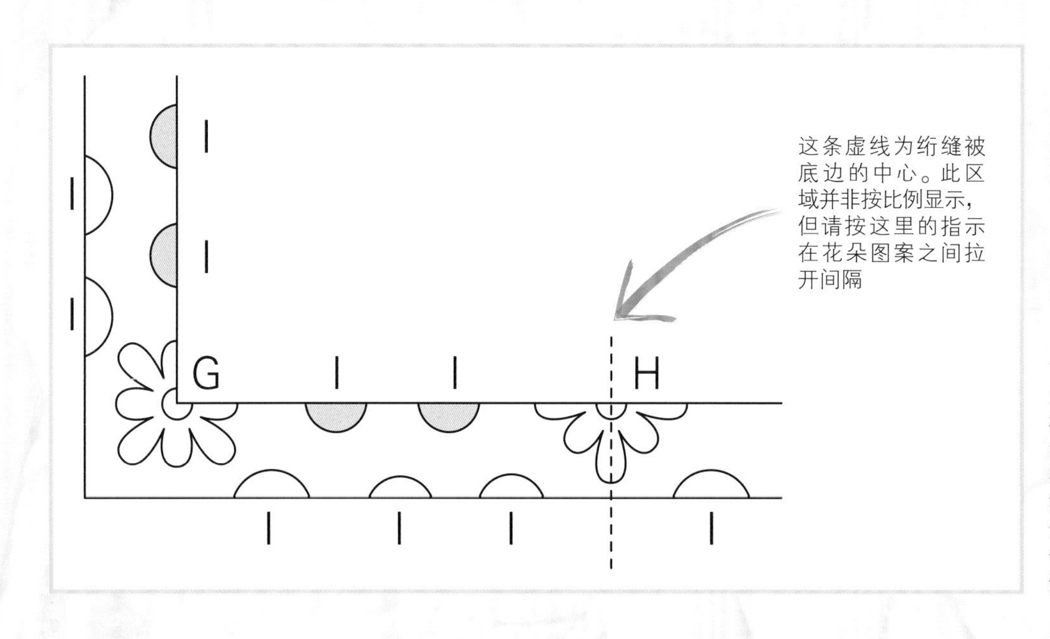

首先对拐角处模板G的四分之三花朵图案和中点处模板H的半朵花朵图案进行压线。然后对边框内侧以灰色半圆形代表的半朵花朵图案模板I进行压线，最后对边框外侧其他以白色半圆形代表的半朵花朵图案模板I进行压线

制作完成的边框，有斜接的角和压线图案

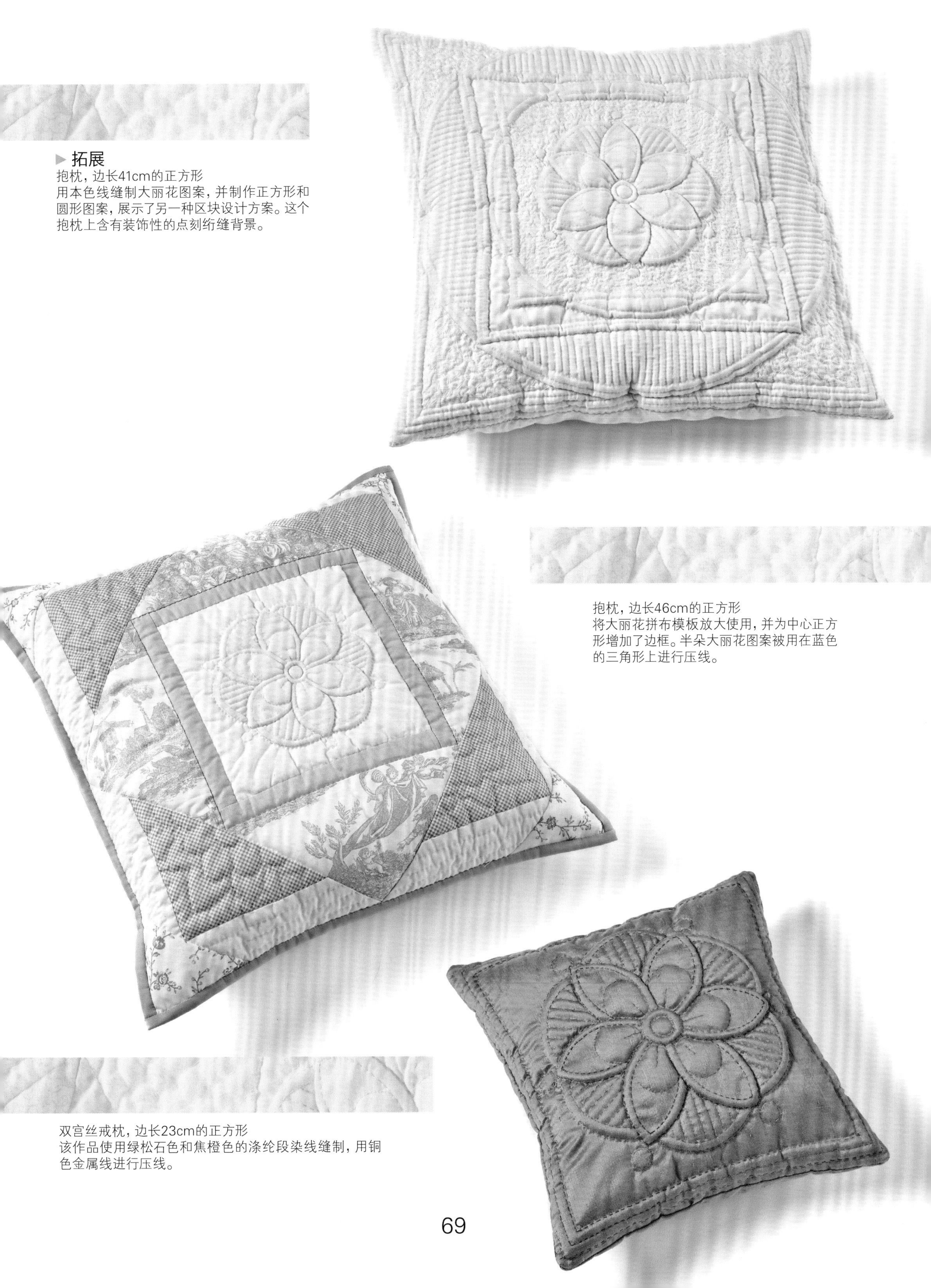

▶ 拓展

抱枕，边长41cm的正方形
用本色线缝制大丽花图案，并制作正方形和圆形图案，展示了另一种区块设计方案。这个抱枕上含有装饰性的点刻绗缝背景。

抱枕，边长46cm的正方形
将大丽花拼布模板放大使用，并为中心正方形增加了边框。半朵大丽花图案被用在蓝色的三角形上进行压线。

双宫丝戒枕，边长23cm的正方形
该作品使用绿松石色和焦橙色的涤纶段染线缝制，用铜色金属线进行压线。

凯尔特莲花壁饰

应用作品5

▶ 58.5cm×79cm

这个设计开始时就是一幅涂鸦。我用圆珠笔草草画了一些简单的线条后，便开始在一张印有5mm方格的A4（21cm×29.7cm）纸上开始拓展设计。经过两个夜晚的奋战，设计成型。边框中的菱形图案是从我在博物馆见到的埃及木乃伊猫演变而来的。我在一家专门印刷建筑图纸的复印店放大了设计图。我发现这种方式可以非常快速、有效地将图纸成比例放大成实物等大尺寸。图纸中包括了可以机缝或者手缝的区域。

所需材料

- 1.5m绗缝白棉布（平纹细布），112cm幅宽
- 75cm平纹薄棉布（薄纱棉布），1m幅宽
- 一块92cm×71cm的57g的涤纶絮料（铺棉）
- 两束绗缝羊毛纱线
- 一小袋玩偶填充棉（或撕碎的涤纶絮料/铺棉）
- 与壁饰布料颜色相近的缝纫线，用于缝制图案和压线
- 浅蓝色、绿色或粉色粗缝（疏缝）线
- 5mm宽的低黏度美纹胶带
- 缝纫机：建议先车缝一小块，测试你的缝纫机是否可以在薄面料上工作良好，使用合适的机针，即75号或80号（译者注：对应国内常见的机针型号为75/11号或80/12号）
- 5mm缝纫机压脚
- 针
- 填充工具
- HB铅笔

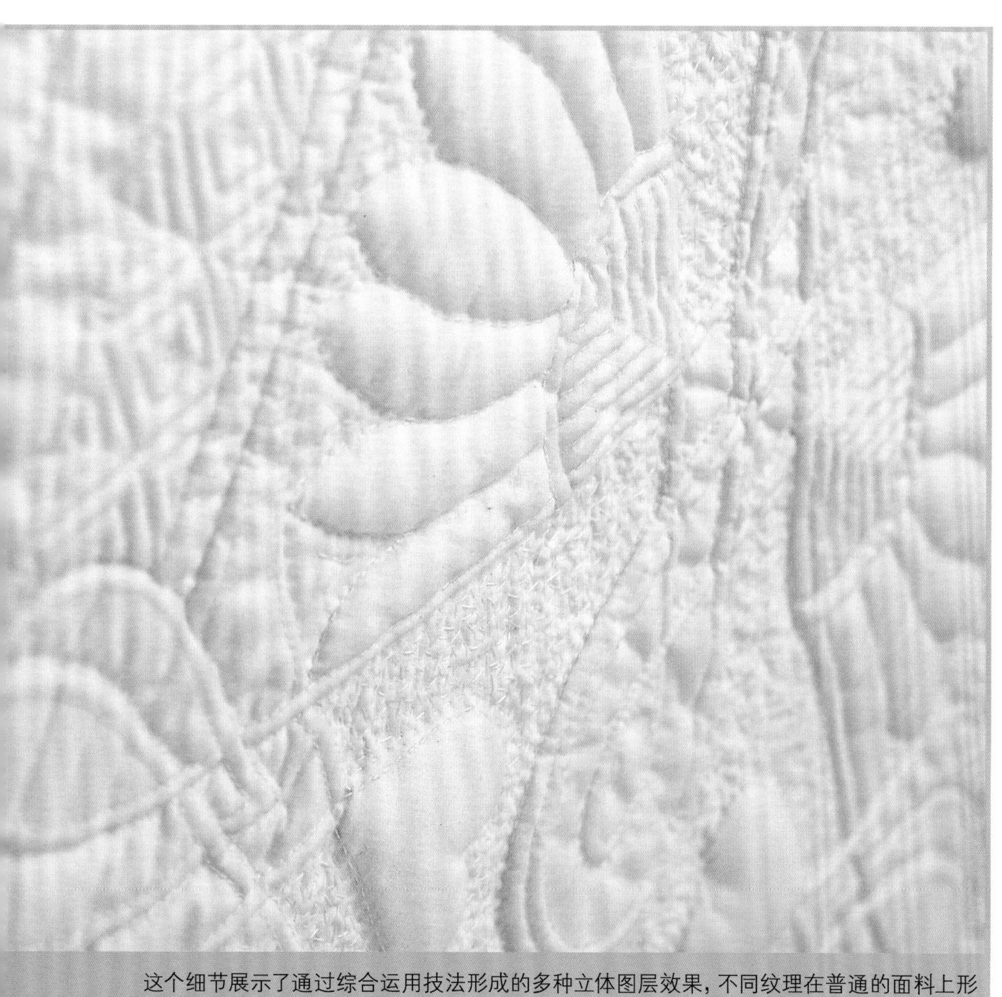

这个细节展示了通过综合运用技法形成的多种立体图层效果，不同纹理在普通的面料上形成了有趣的表面

立体绗缝

模板1，实物等大纸型参见附页

1 模板只是展示了整体设计图四分之一略多一些的部分（橙色线表示每一边的中线）。你需要仔细并有选择性地通过镜像描画来完成整个设计图，以中线交叉点为中心保持不动，因为并不是对称图案，需要通过旋转来补充缺失的部分。将绗缝白棉布（平纹细布）裁剪成两块92cm×71cm的长方形。其中一块先搁置一旁。确保将图纸放置在平坦的表面上，把一块绗缝白棉布（平纹细布）直接放在图纸的上面，图案居中，四周所留布料均等。确保布料平整，用铅笔轻轻将图案描画到布料上。画完所有图案后去掉图纸。从平纹薄棉布（薄纱棉布）上裁剪一块92cm×71cm的长方形。用珠针固定在画好图案的绗缝白棉布（平纹细布）背后，以间距2.5cm的网格状粗缝（疏缝）在一起，并在图案边缘外侧1cm处添加一圈粗缝（疏缝）线。

模板2

此处作为粘贴美纹胶带的初始位置

此处作为粘贴美纹胶带的初始位置

此处作为粘贴美纹胶带的初始位置

2 如果你选择机缝这些基础线条，步骤如下：设置缝纫机针脚为中等长度（大约每2.5cm11针比较理想）。使用透明压脚，这样能够准确地沿图案进行车缝。当车缝线条时，不要使用倒针来加固针脚。相反，车缝每一条线时，开始和结束时都请留出足够长的线尾，将面线引到作品背面与底线打两个结系在一起。之后留大约1cm长的线尾剪断，不必把线尾穿入平纹薄棉布（薄纱棉布）中进行整理。

模板3

3 车缝所有画在布料上的基础线条。在设计图中，有些线条看起来像是跨越过去或者下穿过去的，每当车缝这样的线条时，缝到端点都必须停止，再重新开始。从作品的中心开始，慢慢在布料的斜纹方向进行缝制，围绕弯曲图案操作时要小心谨慎。当缝到非常小的弧度时，布料不要堆积在一起，要尽可能保持平整。一直车缝至外边缘。当继续进行车缝时也要整理好所有松散的线头。在最后一个长方形轮廓外侧5mm处增加一条额外的缝线。

4 如果选择手缝，从图案中心开始，所有的基础线条都用回针缝缝制，只有心形和花瓣轮廓要用平针缝缝制。使用5mm宽的美纹胶带辅助制作花瓣和花芯图案内的平行通道，并用回针缝缝制。以回针缝缝制所有长方形图形，直到作品外边缘。

5 在边框的菱形图案中，使用美纹胶带作为参照来添加附加线，使用平针缝缝制，但是所有图案中心的小正方形都用回针缝缝制。从作品上拆除粗缝（疏缝）线，仅留下最外边缘的一圈粗缝（疏缝）线。熨烫作品两面。

6 将作品翻到背面，填充模板3中标示的粉色区域。请注意每个大块的图案都不要过度填充，你可能需要在平纹薄棉布（薄纱棉布）上不止开一个孔，才能填充好这些区域。

7 接下来返回参考模板2进行嵌线。请记住，当你对通道进行嵌线时，从成束的羊毛纱线上最长只能剪出50cm。如果你必须连接羊毛纱线，请在图案的拐角或设计图中出现“V”字形图案的地方进行。从图案中心早先使用意大利式绗缝技法缝制的通道处开始。记得遵循设计图中“跨越过去或者下穿过去”的规律，你可以围绕图案连续进行，不必在每个结束和开始的点都剪断羊毛纱线，如此操作并不会显得太笨重或是在最后压线时带来问题。

8 对第一个长方形边框内弯曲的花冠和花瓣图案进行嵌线，然后是每个花瓣中的平行通道，在每一条通道的起止端都要剪断羊毛纱线。对另两朵已填充好花瓣的下方曲线通道进行嵌线。接下来是对人字形花纹进行嵌线。在人字形花纹方向改变的地方留线环，每个通道的末端都要留线尾。

9 从内向外对作品的长方形边框进行嵌线。按要求在每一个长方形的拐角处留线尾和线环。如果你很小心，你可以使用更长的羊毛纱线来穿嵌每一个长方形。当使用预缩过的羊毛纱线时，仅需要在每一条线的拐角留线环，但如果使用的是未预缩过的羊毛纱线，记得沿每一条通道每隔10cm留线环。单独穿嵌每组同心菱形图案的每一条通道，完成整个菱形图案的边框，记得在菱形图案改变方向的每一个角落留小线环。穿嵌中心图案两侧的半个菱形图案，留线环和线尾。多个嵌线图案同时存在时，请从内侧的通道开始。

10 用珠针固定，并将絮料（铺棉）和第二块绗缝白棉布（平纹细布）以网格状粗缝（疏缝）在壁饰的背面。这里你也可以使用浅色印花棉布代替绗缝白棉布（平纹细布）作为背布。

11 参考模板3进行压线。你只需要对标示出来的区域进行压线即可。使用缝制图案时所用的线，从作品的中部开始，距离线条2mm，以基础绗缝针法勾勒出图案的轮廓进行重复压线，压出中心区域的心形和花朵图案。除了外侧边框的双通道，对壁饰其余部分进行落针压线，双通道的外边缘应该有一排环绕压线。沿整个作品的外边缘，距离前一条压线1cm处，穿透所有层，再压一条线，此处可以并排使用两条5mm宽的美纹胶带辅助制作。

12 对环绕中心图案的背景进行点刻绗缝，在粉色圆点标示的区域内，从靠近中心处开始，向外边缘进行大针脚单线点刻绗缝，针脚的尺寸大约是5mm长。你也可以使用曲线绗缝（参见第27页）对这个区域进行压线。

13 使用回针缝，在中心两个花朵图案的每个填充过的花瓣上方空间内，压出“Y”字形。

中心图案背景中的单线点刻绗缝

角落里的花朵和菱形边框。菱形边框以法式嵌线平行填充。同时请参见第123页埃及建筑的灵感部分

组合

1 从壁饰的背面开始制作。从两条长边开始，修剪背布、絮料（铺棉）及平纹薄棉布（薄纱棉布）至恰好最后一条压线之外，仅保持表面的纺缝白棉布（平纹细布）原封不动。作品四条边都如此修剪。再次从长边开始，沿压线将纺缝白棉布（平纹细布）向作品背面折叠。再将布边向内折进，用珠针别好，之后粗缝（疏缝）固定。使用小针脚的对针缝，将折边平整地缝在背布上。顶边和底边以同样的方法处理，两端要卷折平整，做出方正的直角。

2 用剩下的纺缝白棉布（平纹细布）或印花棉布制作挂杆套。裁剪一块60cm x 14cm的布料。将两条短边向布料背面折入1cm，熨平，缝合固定。将两条长边向布料背面折入1cm并熨平。将布料的正面朝向自己，用珠针把其中一条长边固定在壁饰背面顶边下方1cm的位置。两条短边应与壁饰两端距离相等。使用对针缝或卷边缝沿长边缝合在壁饰背面，注意针脚不要穿透到壁饰的正面。另一条长边也用珠针固定在壁饰背面，整理平整，并像之前那样缝合在壁饰背面。现在壁饰背面顶端就形成了一条“管道”，你就可以用一根挂杆或木条穿进去把壁饰悬挂起来。如果你想增加作品的重量，也可以在壁饰的底端再增加一条挂杆套。这个壁饰可以横向悬挂，也可以纵向悬挂，这都由你决定。

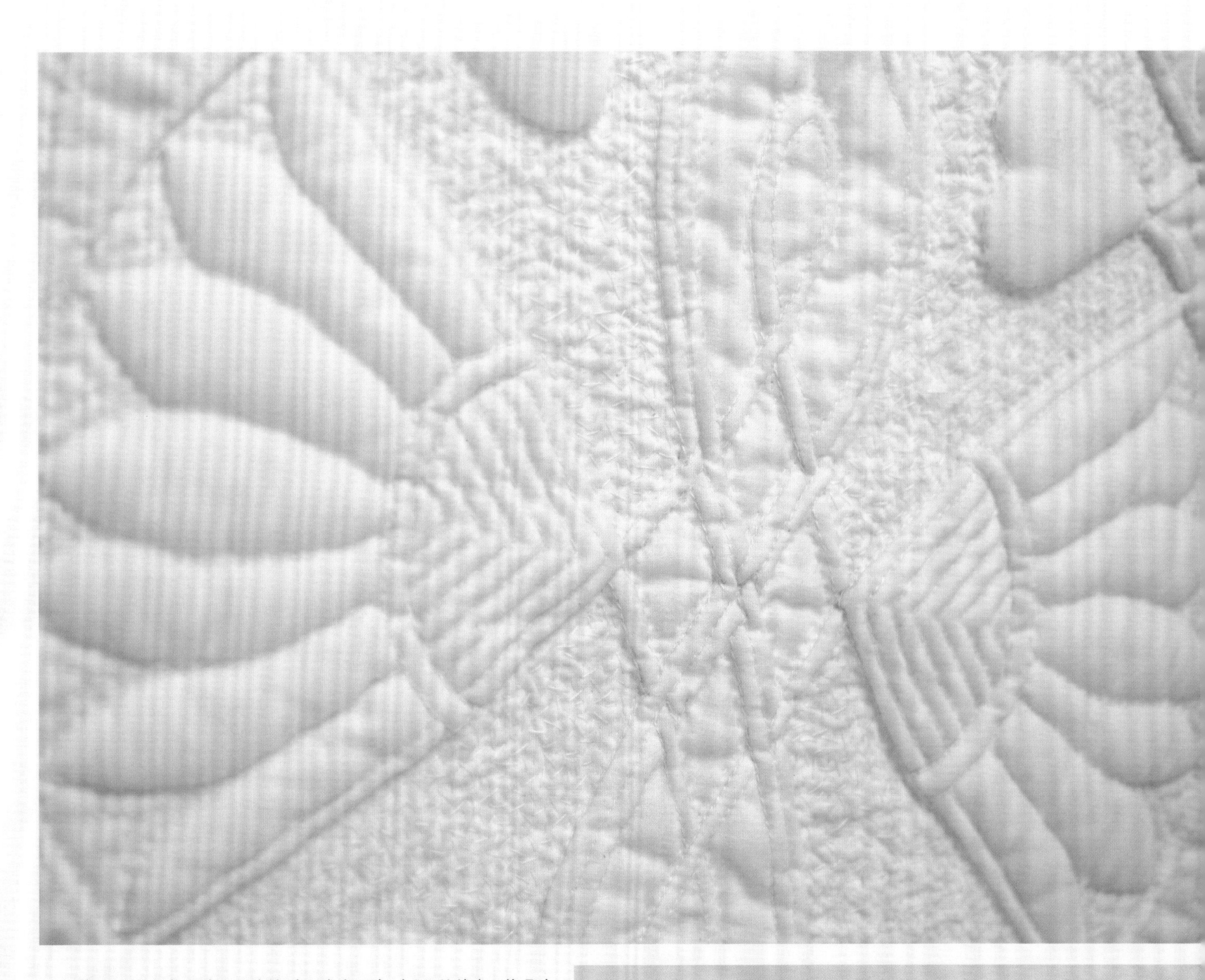

这里你可以看到作品中心“跨越过去或者下穿过去”的线条，花朵中几排“V”字形平行线及花瓣上方回针缝的“Y”字形图案

盘绕的莨菪叶纹桌旗

84cm×38cm

当翻看我的“速写藏本”寻找灵感时，我发现了一幅非常久远的描摹在防油纸上的铅笔画，它取材自一张带有交错圆圈的地垫照片。它使我想起锻造的铁制品和凯尔特设计。我以生长在花园里的莨菪叶形植物替代圆圈图案，设计在中心图案的两侧。我放大并细化了素描图，来看看是否可用，我还决定在每一片叶子的末端混合一些曲线图形，使设计看起来更生动。

所需材料

- 1m绗缝白棉布（平纹细布），112cm幅宽，作为桌旗的前布和背布
- 1m平纹薄棉布（薄纱棉布），1m幅宽
- 两块94cm×50cm的57g的Thermore絮料（铺棉），它是扁平的，但依然保持着可成功运用技法所需的弹力或者“空间”
- 两束绗缝羊毛纱线
- 一小袋玩偶填充棉（或撕碎的涤纶絮料/铺棉）
- 与桌旗布料颜色相近的缝纫线，用于缝制图案和压线
- 浅蓝色、绿色或粉色粗缝（疏缝）线
- 5mm宽的低黏度美纹胶带
- 针
- 填充工具
- HB铅笔

立体绗缝

模板1，实物等大纸型参见附页

模板2

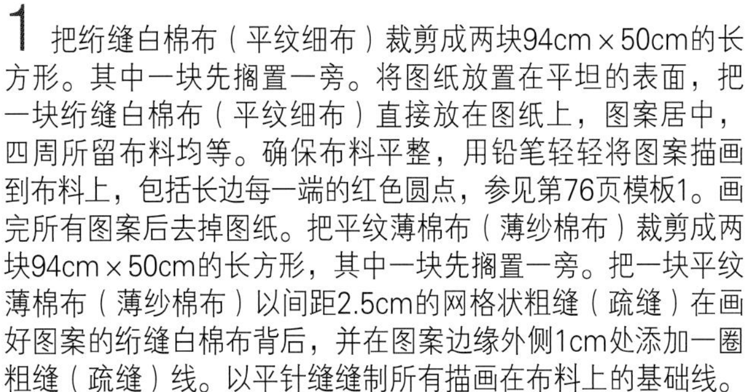

模板3

1 把绗缝白棉布（平纹细布）裁剪成两块94cm×50cm的长方形。其中一块先搁置一旁。将图纸放置在平坦的表面，把一块绗缝白棉布（平纹细布）直接放在图纸上，图案居中，四周所留布料均等。确保布料平整，用铅笔轻轻将图案描画到布料上，包括长边每一端的红色圆点，参见第76页模板1。画完所有图案后去掉图纸。把平纹薄棉布（薄纱棉布）裁剪成两块94cm×50cm的长方形，其中一块先搁置一旁。把一块平纹薄棉布（薄纱棉布）以间距2.5cm的网格状粗缝（疏缝）在画好图案的绗缝白棉布背后，并在图案边缘外侧1cm处添加一圈粗缝（疏缝）线。以平针缝缝制所有描画在布料上的基础线。

2 按照模板2的标示添加附加线。这个图示展示了设计的一部分，即自始至终重复相同的技法。使用美纹胶带辅助制作5mm宽的通道。必要之处你可以小心地沿着曲线图案弯曲胶带。用平针缝缝制所有附加线。从作品上拆除粗缝（疏缝）线，仅留下最外边缘的一圈粗缝（疏缝）线。熨烫作品两面。

3 将作品翻到背面，填充模板3中标示的粉色区域。请注意每个大块的图案都不要过度填充，你可能需要在平纹薄棉布（薄纱棉布）上不止开一个孔，才能填充好这些区域。

4 接下来返回参考模板2进行嵌线。请记住，当你对通道进行嵌线时，从成束的羊毛纱线上最长只能剪出46cm，除非另有说明。如果你必须连接羊毛纱线，请在图案的拐角或设计图中出现“V”字形图案的地方进行。从图案中心环绕着填充图案的通道开始。之后穿嵌图案中心的直线通道，每一端都留线尾。继续穿嵌环绕中心图案的双通道，记得在图案改变方向的地方——柔和的半圆形曲线交汇之凹口处留下很小的线环。要先穿嵌内层的通道。双通道的每一端都留线尾，它们形成了互相盘绕、交错的曲线，也形成了桌旗的外轮廓。最后穿嵌莨苕叶茎底部和叶子顶端剩余的“V”字形小通道。

5 用珠针固定并粗缝（疏缝）两块絮料（铺棉），就像是双层絮料（铺棉），再和平纹薄棉布（薄纱棉布）一起，像之前那样以网格状粗缝（疏缝）在桌旗表布的背后。

6 参考模板3进行压线。你只需要对标示出来的区域进行压线即可。使用缝制图案时所用的线，从花朵图案的中心开始，以基础绗缝针法进行落针压线：如果按照指示的方向进行压线，你就可以连续不间断地工作，制作出四个互相重叠的圆圈。接下来，在环绕中心图案的第二条和第三条通道之间进行落针压线，然后在围绕中心图案的第四条通道轮廓外侧压线。在两侧的圆形内部压线，围绕茛苕叶及形成桌旗边缘的双通道的两侧压线。在可能的地方，从作品中心向外边缘进行压线比较明智；有些地方则不得不中断再重新开始，这时我会在需要中断的地方留下多余的线，之后当我返回这个区域时再重新穿线继续对这个图案进行压线。

7 在粉色圆点标示的背景区域内，从靠近中心处开始，向外边缘以大针脚进行双线点刻绗缝，针脚尺寸大约是1cm长。你也可以使用间距2cm的交叉平行线迹对这个区域进行压线。

8 最后，使用美纹胶带作为参照，在距离桌旗外轮廓边缘5mm处穿透所有层进行压线。从作品上拆除粗缝（疏缝）线。

这里你可以看到背景布料上的双线点刻绗缝，较大的针脚和图案的规模是互补的

桌旗两端的形状展现了设计图案的特色，使桌旗看起来更有趣

组合

1 修剪前请先固定好各层布料，在距离最后一条压线1cm处，用小针脚围绕桌旗穿透所有层进行粗缝（疏缝），然后沿着这条线对其外侧进行修剪。拆除粗缝（疏缝）线。从两条长边开始，仔细地修剪掉实物等大纸型中标示的拐角处的平纹薄棉布（薄纱棉布）。在距离压线极近处，修剪掉两侧边两端红点之间的絮料（铺棉）和平纹薄棉布（薄纱棉布）。将绗缝白棉布（平纹细布）沿边缘压线向作品背面折叠。用珠针固定好，并以小针脚的平针缝，靠近布边将其缝在桌旗背面的絮料（铺棉）上，经裁剪的布端应折叠整理好。穿透所有层再次沿通道外边缘进行压线。在另一长边以同样的方法制作。

2 对于特殊形状的两端，像之前那样修剪掉絮料（铺棉）和平纹薄棉布（薄纱棉布）。从大的半圆形图案开始，仔细地将绗缝白棉布（平纹细布）沿外侧通道边缘的压线向作品背面折叠，起初是有些困难的，因为在绗缝白棉布（平纹细布）下方还留有少量絮料（铺棉）和平纹薄棉布（薄纱棉布），要边折边用珠针固定，从半圆形的中间开始向连接下一个半圆形的凹点进行。

3 非常仔细地在绗缝白棉布（平纹细布）的凹点剪一刀直牙口，要尽可能靠近作品正面的压线但不要剪到压线，大约剪到通道外侧距离压线4mm处。这将使绗缝白棉布（平纹细布）在每一个凹点都能够沿着外轮廓平整地翻折过去，做出漂亮的外形，粗缝（疏缝）固定。继续以同样的方法制作好接下来的两个半圆形。将绗缝白棉布（平纹细布）像之前那样平整地缝在絮料（铺棉）上，但要缝在此前参照修剪掉多余絮料（铺棉）的那条压线的下方。你可能不得不沿着凸起的弧线制作一些小褶皱。在特殊形状的另一对边上以同样的方法制作并整理好。

4 用珠针把背布固定在桌旗的背面，比表布多出5mm裁剪一圈。你也可以使用浅色的印花棉布作为背布。去掉背布上的珠针，沿长边将多余的背布向内折入1cm。重新用珠针固定并粗缝（疏缝）。将特殊形状两端的背布向内折，要完全覆盖住此前整理好的绗缝白棉布（平纹细布），并且保证凹点也被覆盖。用珠针别好，粗缝（疏缝），用小针脚的对针缝将背布缝合固定。拆除粗缝（疏缝）线，并在每个大的圆形图案的中心，用小针脚穿透表布缝一针，把背布与表布固定在一起。

图案中心展示了选择性压线制作出的重叠的圆形

背景纹理与非写实的凸纹提花绗缝莨苕叶图案形成对比，使作品显出低浮雕的视觉效果

内侧的意大利式绗缝双通道被落针压线与外侧通道分离开来，加倍的通道既强调了这个图案，又为这个区域“强硬”的视觉效果提供了一种缓冲

华美的象牙白色图案集锦绗缝被

▶ 137cm×137cm

用由不同图案和技法制作的区块组成的绗缝被，被称为“集锦绗缝被”。区块通常被布条或者称为框格相互隔开，它们就是每个设计图的边框。我设计了9个不同的区块，以探索立体嵌线和填充工艺。其中4个区块是基于八角星的演变，2个区块含有简单的方框，1个区块含有圆形——我把它分成了六部分，还有2个区块是交错的圆形图案，其灵感源自厨房卷筒纸上的立体浮雕图案。

如果你不想制作绗缝被，每个区块也可以制作成抱枕的前片或其他物品，也或许你只想从中选择一部分来制作绗缝被。我建议使用边长46cm的正方形布料制作每个区块。图案部分是边长42.5cm的正方形，最终压线完成后边长大约为39.5cm。每个区块都单独制作和压线，由边框布连成三条，之后以浅色印花布作为背布。每条再用边框布以“自由缝”的方法连接在一起，之后进行压线。我选择在十字交叉处用花哨的装饰平扣做点缀，呼应有些区块用珠子进行的装饰。

你可能会喜欢更宽的边框，或者想为绗缝被添加额外的边框，所以提供了两部分的尺码。如果决定用彩色线对主体图案进行压线，你可以搭配彩色的边框布条，这将使绗缝被看起来完全不同。不要忘记，无论如何，最后的压线一定要使用和背景布颜色相近的线，除非你选择使用金属线。

所需材料

9个区块所需材料：
- 2.5m绗缝白棉布（平纹细布），112cm幅宽
- 5m平纹薄棉布（薄纱棉布），1m幅宽
- 1m57g的涤纶絮料（铺棉），283cm幅宽：从卷轴上裁剪下来的Poly-down絮料（铺棉）最好
- 9束绗缝羊毛纱线：预缩过的为佳
- 一袋玩偶填充棉（或撕碎的涤纶絮料/铺棉）
- 与绗缝被布料颜色相近的缝纫线，用于缝制图案和压线
- 浅蓝色、绿色或粉色粗缝（疏缝）线
- 5mm宽的低黏度美纹胶带
- 1cm宽的低黏度美纹胶带
- 2m背布，150cm幅宽
- 用来拼合绗缝被的缝纫机，以及5mm压脚和拉链压脚
- 针
- 填充工具
- HB铅笔

一些额外的必备材料在每个区块开头处给出。

内部框格及外边框所需材料：
- 1.5m绗缝白棉布（平纹细布），112cm幅宽
- 3m平纹薄棉布（薄纱棉布），1m幅宽
- 50cm涤纶絮料（铺棉），283cm幅宽
- 16颗直径2cm的两眼或四眼平扣（选配）。不要使用有扣柄的暗眼扣，因为固定在绗缝被上后并不贴合

立体绗缝

▶ 各区块：

1 对称图案都是提供了四分之一或二分之一的纸型，需要通过镜像来补全整个设计图。每个区块都给出了说明。

2 裁剪一块边长46cm的正方形绗缝白棉布（平纹细布）。裁剪两块边长46cm的正方形平纹薄棉布（薄纱棉布）。裁剪一块边长46cm的正方形絮料（铺棉）。将区块1的图纸放置于平坦的表面，把绗缝白棉布（平纹细布）放在图纸上方，图案居中，四周所留布料均等。用铅笔轻轻地将图案描画在布料上。去掉图纸。

3 把一块平纹薄棉布（薄纱棉布）放在画好图案的绗缝白棉布（平纹细布）背后，用珠针固定，以间距2.5cm的网格状粗缝（疏缝）在一起，在图案边缘外侧1cm处添加一圈粗缝（疏缝）线。

上排，从左至右，区块1、2、3
中排，从左至右，区块4、5、6
下排，从左至右，区块7、8、9

▶ 区块1：花彩星饰

额外的必备材料： 一小袋透明玻璃米珠，钉珠针和钉珠线

1 这里提供的模板是四分之一图样，需要镜像补全整幅设计图。用平针缝缝制所有图案。

2 参考模板2，按照指示添加附加缝纫线。使用美纹胶带辅助制作5mm宽的通道。最后制作区块外边缘的两条通道。用平针缝缝制所有附加线。拆除粗缝（疏缝）线，仅留下图案轮廓外的粗缝（疏缝）线。熨烫作品两面。

3 将作品翻到背面，只填充模板3中标示的粉色区域。请注意每个图案都不要过度填充。

4 返回参考模板2对图形进行嵌线。从图案中心开始，在星形图案改变方向的地方留小线环。每一条通道分别穿线。开始和结束时都留下大约5mm长的线尾。

5 穿嵌大星形图案的平行通道，像之前那样留下线环；每一排分别穿线。对剩余通道进行穿嵌，最后穿嵌区块外边缘的两条通道。如果你操作很小心，也可以使用更长的羊毛纱线穿嵌外边缘通道。如果使用预缩过的羊毛纱线，只需要在每个正方形的拐角处留下线环。

6 用珠针固定，把絮料（铺棉）和第二块平纹薄棉布（薄纱棉布）以网格状粗缝（疏缝）在区块1表布背后。

7 参考模板3进行压线。只需要对标示出来的区域进行压线。使用缝制图案时所用的线，从作品中间开始，以基础绗缝针法在已缝制好的主图外侧进行压线，在必要的地方进行落针压线。

8 最后，靠近中心图案沿压线缝一圈玻璃米珠（参考第95页）。参考模板3，在背景区域蓝色圆点标示处，穿透所有层钉缝单独的玻璃米珠。在一小片纸上写序号，用安全别针固定在这个区块上。将这个区块暂且搁置一旁。

模板1，实物等大纸型参见附页

模板2

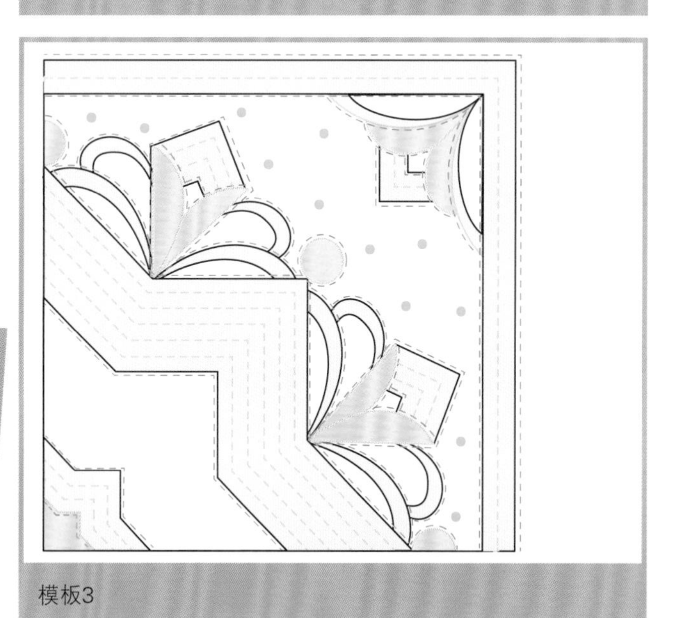

模板3

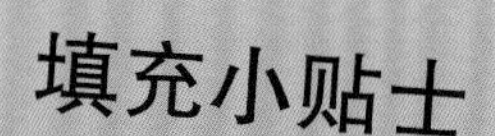

如果狭窄的图案很难填充，请翻到作品正面，在狭窄区域附近将一根尖头长针平插入填充区域，然后将针立起使它垂直于布料，并以入针点为枢轴向狭窄区域转动针，以便把填充物拨入空的地方。这样做几次，空的地方就被填好了。

▸区块2：闪耀星空

1 这里提供的模板是四分之一图样，需要镜像补全整幅设计图。用平针缝缝制主图，用回针缝缝制每一个三角形内的所有小图案及模板1中央大花瓣之间的图形。

2 参考模板2，按照指示添加附加缝纫线。使用美纹胶带辅助制作5mm宽的通道。最后制作区块外边缘的两条通道。用平针缝缝制所有附加线。拆除粗缝（疏缝）线，仅留下图案轮廓外的粗缝（疏缝）线。熨烫作品两面。

3 将作品翻到背面，只填充模板3中标示的粉色区域。请注意每个图案都不要过度填充。如果图案中狭窄部分难以填充，请参考第85页提供的“填充小贴士”。

4 返回参考模板2对图形进行嵌线。从图案中心开始，在整个作品图形改变方向的地方留小线环。对八角星进行穿嵌，先从内部通道开始。再对八角星下一个角的内部通道进行穿嵌，接下来是星形角之间的三角形图案。之后返回对八个角内部的每一条平行通道进行嵌线。开始和结束时都留下大约5mm长的线尾。最后穿嵌区块外边缘的两条通道，方法同区块1（参见第85页）。

5 用珠针固定，把絮料（铺棉）和第二块平纹薄棉布（薄纱棉布）以网格状粗缝（疏缝）在区块2表布背后。

6 参考模板3进行压线。只需要对标示出来的区域进行压线。使用缝制图案时所用的线，从作品中间开始，以基础绗缝针法在已缝制好的主图外侧进行压线，在必要的地方进行落针压线。最后在每个角落（模板3中粉色圆点标示的区域）进行单线点刻绗缝，每一针针脚长度大约为1cm。

7 在一小片纸上写序号，用安全别针固定在这个区块上。将这个区块暂且搁置一旁。

模板1，实物等大纸型参见附页

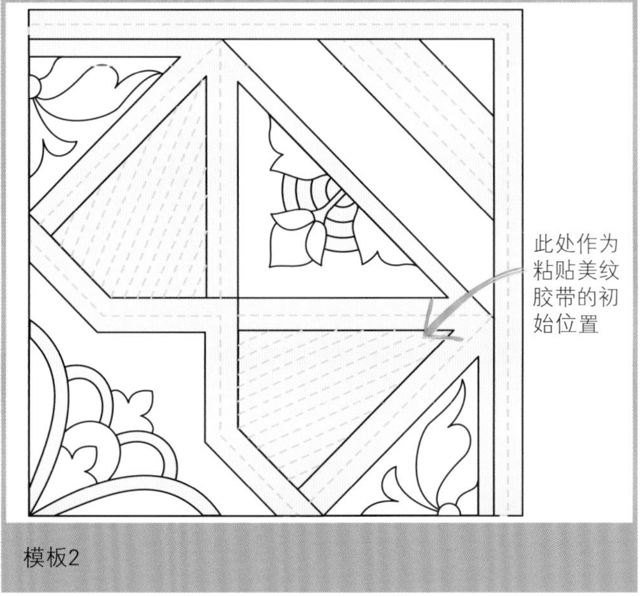

模板2

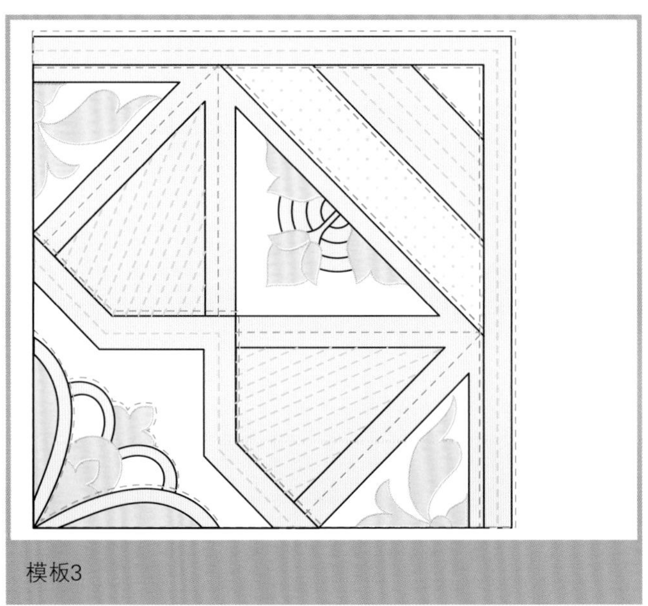
模板3

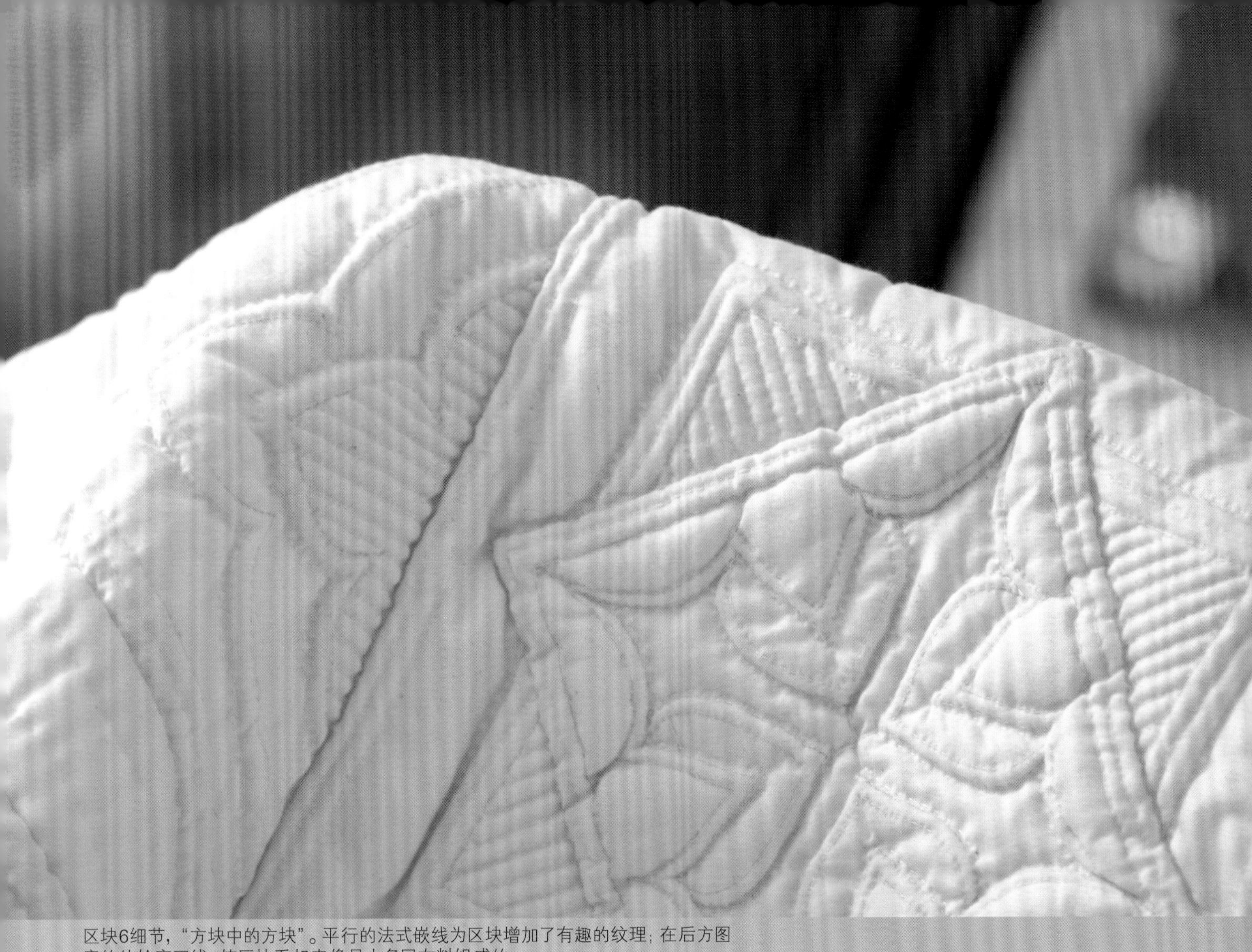

区块6细节，“方块中的方块”。平行的法式嵌线为区块增加了有趣的纹理；在后方图案的外轮廓压线，使区块看起来像是由多层布料组成的

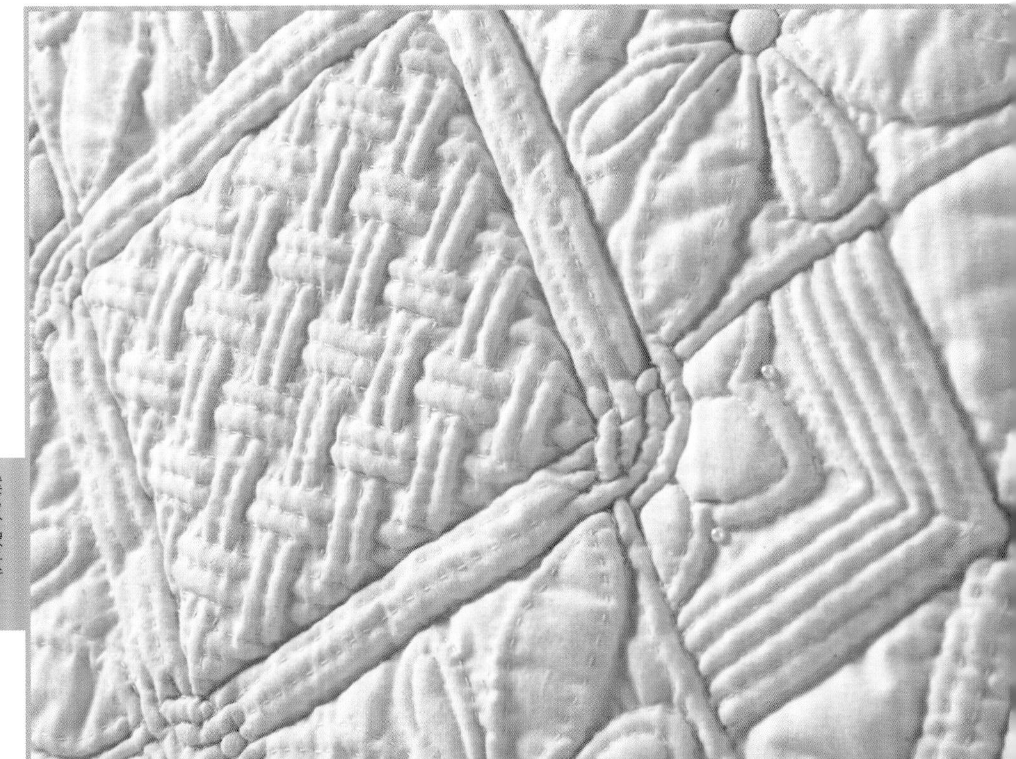

区块4细节，“凯尔特篮子”。篮子织纹图案和挨着的正方形共同组成了这个设计。仅仅沿着大花朵的外轮廓压线，使中心效果就像被填充了一样，事实上它们是空的，而且这还从视觉上为作品制造了另一个图层的效果

模板1，实物等大纸型参见附页

▶区块3：交织的圆

1 由于不能精确地以四分之一图样展示整个设计，模板1给出了二分之一图样，需要镜像补全整幅设计图。用平针缝缝制主图，并注意遵循线条“跨越过去或者下穿过去”的规律。

2 参考模板2，按照指示添加附加缝纫线。使用美纹胶带辅助制作5mm宽的通道，在弧线处弯曲美纹胶带还是比较容易的。最后制作区块外边缘的三条通道。用平针缝缝制所有附加线。拆除粗缝（疏缝）线，仅留下图案轮廓外的粗缝（疏缝）线。熨烫作品两面。

3 将作品翻到背面，只填充模板3中标示的粉色区域。请注意每个图案都不要过度填充。如果图案中狭窄部分难以填充，请参考第85页提供的“填充小贴士”。

4 返回参考模板2进行嵌线。从图案中心开始，每一个圆分别进行嵌线。开始和结束时都留下大约5mm长的线尾。对8个重叠圆形轮廓外的两条弯曲通道进行嵌线。当这些通道改变方向时留下小线环。接下来对由这些圆形重叠形成的8个花瓣图案内的平行通道进行嵌线。开始和结束时都留下大约5mm长的线尾。对心形图案和每个角落的平行通道进行嵌线。最后对剩下的区块外边缘的三条通道进行嵌线。

5 用珠针固定，把絮料（铺棉）和第二块平纹薄棉布（薄纱棉布）以网格状粗缝（疏缝）在区块3表布背后。

6 参考模板3进行压线。使用缝制图案时所用的线，从作品中间开始，以基础绗缝针法进行压线，在必要的地方进行落针压线。你也可以如图所示选用十字交叉网格状压线来填满背景。

7 在一小片纸上写序号，用安全别针固定在这个区块上。将这个区块暂且搁置一旁。

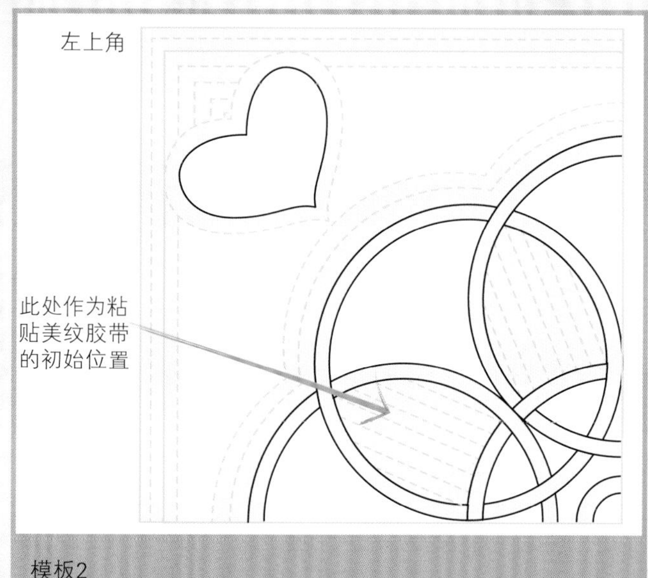

模板2

模板3

模板1，实物等大纸型参见附页

模板2

模板3

▶ 区块4：凯尔特篮子

额外的必备材料：8颗直径3mm的珍珠，钉珠针和钉珠线

1 这里提供的模板是四分之一图样，需要镜像补全整幅设计图。但是请注意，中心的方形篮子织纹图案不能镜像画图，所以在附页中给出了全图，因为篮子织纹上的“跨越过去或者下穿过去”的图案必须这样给出。用平针缝缝制主图，用回针缝缝制篮子角落交错的“跨越过去或者下穿过去”的图案、所有联结方块和边框的环形图案，并确保正确遵循“跨越过去或者下穿过去”的规律。

2 参考模板2，按照指示添加附加缝纫线。使用美纹胶带辅助制作5mm宽的通道。最后制作区块外边缘的三条通道。用平针缝缝制所有附加线。拆除粗缝（疏缝）线，仅留下图案轮廓外的粗缝（疏缝）线。熨烫作品两面。

3 将作品翻到背面，只填充模板3中标示的粉色区域。请注意每个图案都不要过度填充。

4 返回参考模板2进行嵌线。从图案中心篮子织纹开始进行嵌线，并确保每个角的线条都遵循“跨越过去或者下穿过去”的规律。对区块中心形成方形篮子图案中的每一条通道分别进行嵌线。接下来对每个角落的花朵进行嵌线，仅在每个花瓣尖的那一端留线环。然后穿嵌环绕花朵的方块图形及剩下的通道。最后对区块外边缘的三条通道进行嵌线。

5 用珠针固定，把絮料（铺棉）和第二块平纹薄棉布（薄纱棉布）以网格状粗缝（疏缝）在区块4表布背后。

6 参考模板3进行压线。使用缝制图案时所用的线，从作品中间开始，以基础绗缝针法持续压线至外轮廓，在必要的地方进行落针压线。我还对篮子角落交错的图案和用来突出图案的连接环形进行了回针缝（参见第87页）。

7 最后在模板3上以蓝色圆点标示的地方钉缝8颗珍珠，要穿透所有布层把它们牢牢地缝好。

8 在一小片纸上写序号，用安全别针固定在这个区块上。将这个区块暂且搁置一旁。

模板1，实物等大纸型参见附页

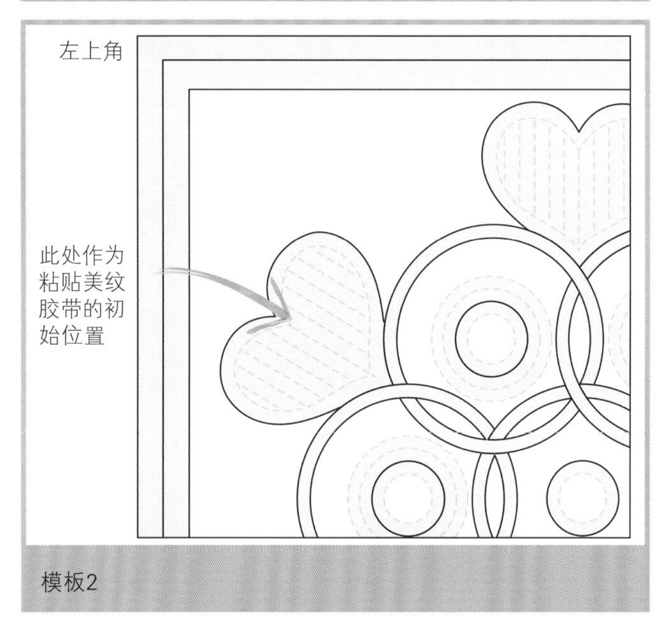

模板2

模板3

区块5：心形与环形

1 由于“跨越过去”和“下穿过去”的设计不同，这个图样并非精确对称，所以给出的是完整图样。用平针缝缝制主图。

2 参考模板2，按照指示添加附加缝纫线。使用美纹胶带辅助制作5mm宽的通道，胶带在弧线处比较容易弯曲。用平针缝缝制所有附加线。拆除粗缝（疏缝）线，仅留下图案轮廓外的粗缝（疏缝）线。熨烫作品两面。

3 将作品翻到背面，只填充模板3中标示的粉色区域。请注意每个图案都不要过度填充。

4 返回参考模板2进行嵌线。从图案中心开始，先穿嵌小圆，之后是大圆。接下来穿嵌六个互相交错的大圆，要遵循“跨越过去或者下穿过去”的规律。然后穿嵌每一个同心圆。对心形图案外侧通道进行嵌线——从凹进处开始沿图形进行，记得在尖部留一个线环。接下来对心形内部每一条平行通道分别嵌线。开始和结束时留大约5mm长的线尾。最后穿嵌外区块边缘的两条通道。

5 用珠针固定，把絮料（铺棉）和第二块平纹薄棉布（薄纱棉布）以网格状粗缝（疏缝）在区块5表布背后。

6 参考模板3进行压线。使用缝制图案时所用的线，从作品中间开始，以基础绗缝针法进行压线，在必要的地方进行落针压线。在通道交会处用回针缝压线以突出“跨越过去或者下穿过去”的纹路。沿圆形和心形外侧，在距离嵌线通道2mm处进行环绕压线。

7 在一小片纸上写序号，用安全别针固定在这个区块上。将这个区块暂且搁置一旁。

▶ 区块6：方块中的方块

1 这里提供的模板是四分之一图样，需要镜像补全整幅设计图。用平针缝缝制主图。

2 参考模板2，按照指示添加附加缝纫线。使用美纹胶带辅助制作5mm宽的通道。最后制作区块外边缘的两条通道。用平针缝缝制所有附加线。拆除粗缝（疏缝）线，仅留下图案轮廓外的粗缝（疏缝）线。熨烫作品两面。

3 将作品翻到背面，只填充模板2中标示的粉色区域。请注意每个图案都不要过度填充。

4 参考模板2进行嵌线。从图案中心开始进行嵌线，整个作品中改变方向时都需要留线环。小心缓慢地将羊毛纱线穿入狭窄的通道中。当穿嵌双通道时，先穿嵌内侧的一排。继续穿嵌直至完成图案的轮廓通道，之后返回分别穿嵌每一条平行通道。开始和结束时留大约5mm长的线尾。最后穿嵌区块外边缘的两条通道。

5 用珠针固定，把絮料（铺棉）和第二块平纹薄棉布（薄纱棉布）以网格状粗缝（疏缝）在区块6表布背后。

6 参考模板3进行压线。使用缝制图案时所用的线，从作品中间开始，以基础绗缝针法进行压线，在必要的地方进行落针压线。对角落里的图案，在距离嵌线边缘2mm处进行环绕压线。

7 在一小片纸上写序号，用安全别针固定在这个区块上。将这个区块暂且搁置一旁。

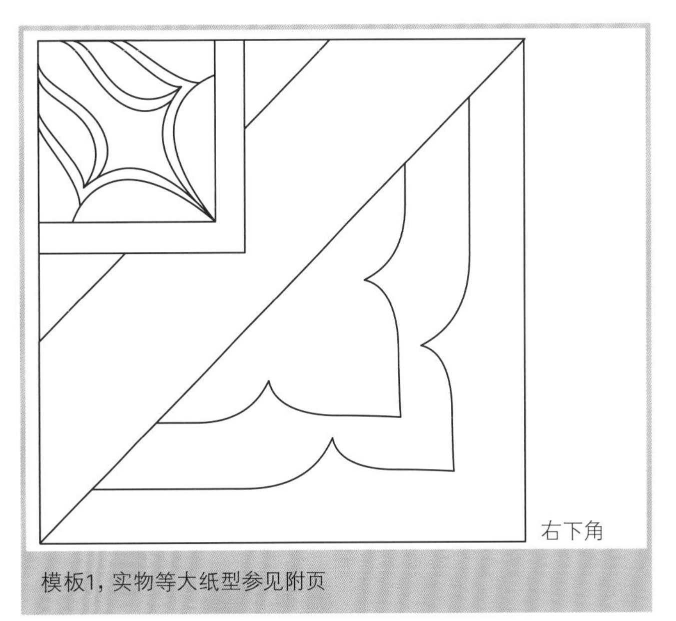

模板1，实物等大纸型参见附页

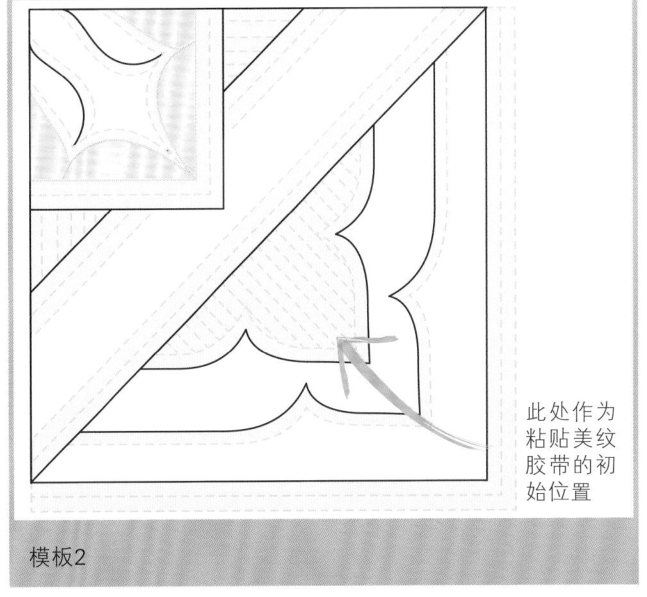

模板2

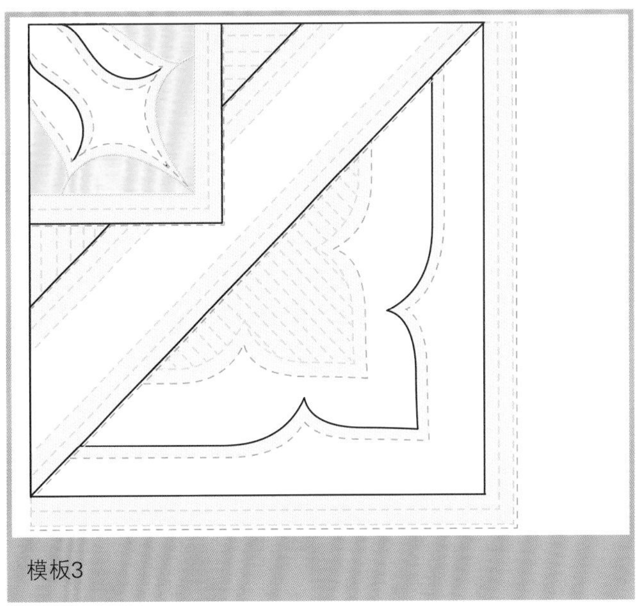
模板3

▶ 区块7：麝香玫瑰

1 这里提供的模板是四分之一图样，需要镜像补全整幅设计图。用平针缝缝制主图。

2 参考模板2，按照指示添加附加缝纫线。使用美纹胶带制作5mm宽的通道。最后制作区块外边缘的三条通道。用平针缝缝制所有附加线。拆除粗缝（疏缝）线，仅留下图案轮廓外的粗缝（疏缝）线。熨烫作品两面。

3 将作品翻到背面，只填充模板3中标示的粉色区域。请注意每个图案都不要过度填充。如果图案的狭窄部分难以填充，请参考第85页的“填充小贴士”。

4 返回参考模板2进行嵌线。从图案中心开始，先穿嵌花瓣。接下来穿嵌每一个大花瓣的外轮廓通道，然后返回分别填充六个花瓣内部的每一条平行通道。开始和结束时留大约5mm长的线尾。穿嵌大花瓣之间的双心形图案，在凹进处留小线环。对大圆进行嵌线，之后对角落里的图案进行嵌线，在必要之处留线环。最后穿嵌区块外边缘的三条通道。

5 用珠针固定，把絮料（铺棉）和第二块平纹薄棉布（薄纱棉布）以网格状粗缝（疏缝）在区块7表布背后。

6 参考模板3进行压线。使用缝制图案时所用的线，从作品中间开始，用回针缝压线，以突出中心的花朵。沿花朵图案外轮廓和大花瓣外轮廓进行落针压线。在距离嵌线边缘2mm处，沿双心形图案和大圆外边缘及角落里的图案外边缘进行环绕压线。按照标示对角落图案进行落针压线。最后沿区块外边缘三条通道的内、外侧进行压线。

7 在一小片纸上写序号，用安全别针固定在这个区块上。将这个区块暂且搁置一旁。

模板1，实物等大纸型参见附页

模板2

模板3

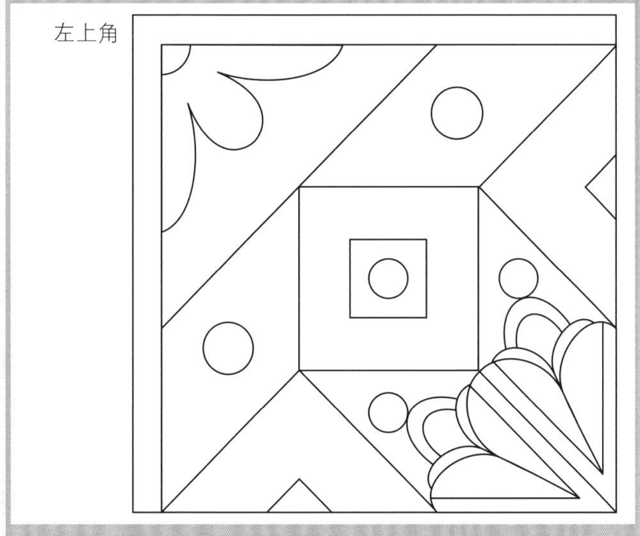

模板1，实物等大纸型参见附页

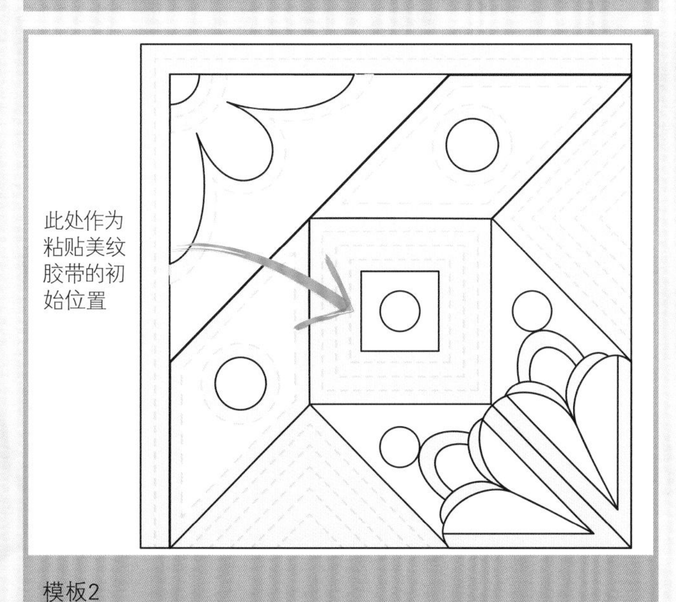

模板2

模板3

▶ 区块8：方块舞

1 这里提供的模板是四分之一图样，需要镜像补全整幅设计图。用平针缝缝制主图。

2 参考模板2，按照指示添加附加缝纫线。使用美纹胶带辅助制作5mm宽的通道。最后制作区块外边缘的两条通道。用平针缝缝制所有附加线。拆除粗缝（疏缝）线，仅留下图案轮廓外的粗缝（疏缝）线。熨烫作品两面。

3 将作品翻到背面，只填充模板3中标示的粉色区域。请注意每个图案都不要过度填充。如果图案的狭窄部分难以填充，请参考第85页的“填充小贴士”。锥形图案尖端非常狭窄，你可以在此处穿入一小段羊毛纱线并把线尾藏入填充物中。

4 返回参考模板2进行嵌线。从图案中心开始，穿嵌每一个花瓣上的两条通道，整个作品中改变方向时都需要留小线环。对花瓣之间的八个小图案进行嵌线，要先从内侧的通道开始嵌线。对同心方块进行嵌线，从小到大，逐渐进行，每个方块单独穿嵌。接下来对环绕着已填充圆形图案的通道进行嵌线，然后穿嵌菱形图案，再继续穿嵌至角落图案。最后穿嵌区块外边缘的两条通道。

5 用珠针固定，把絮料（铺棉）和第二块平纹薄棉布（薄纱棉布）以网格状粗缝（疏缝）在区块8表布背后。

6 参考模板3进行压线。使用缝制图案时所用的线，从作品中间开始，在花朵图案的中心位置以小针脚的回针缝缝两针，将中心向下拉。用基础绗缝针法继续对所标示区域进行压线，包括缝好的主图外边缘，并在必要的地方进行落针压线。沿区块外边缘压线。最后在每个角落（模板3中粉色圆点标示的区域）进行小针脚的单线点刻绗缝，每一针针脚长度约为3mm。以回针缝在区块正中心缝制星形图案来完成压线。

7 在一小片纸上写序号，用安全别针固定在这个区块上。将这个区块暂且搁置一旁。

模板1，实物等大纸型参见附页

模板2

模板3

▶ 区块9：星形花

额外的必备材料：16颗直径5mm的珍珠，钉珠针和钉珠线

1 这里提供的模板是四分之一图样，需要镜像补全整幅设计图。用平针缝缝制主图。

2 参考模板2，按照指示添加附加缝纫线。使用美纹胶带辅助制作5mm宽的通道。最后制作区块外边缘的三条通道。用平针缝缝制所有附加线。拆除粗缝（疏缝）线，仅留下图案轮廓外的粗缝（疏缝）线。熨烫作品两面。

3 将作品翻到背面，只填充模板3中标示的粉色区域。请注意每个图案都不要过度填充。角落里的锥形图案尖端非常狭窄，你可以在此处穿入一小段羊毛纱线并把线尾藏入填充物中。

4 返回参考模板2进行嵌线。从图案中心开始，对环绕着已填充中心的两条通道进行嵌线。继续朝图案的外边缘进行嵌线，整个作品中改变方向时都需要留下小线环。从内侧通道开始，对八角星进行嵌线。接着对紧挨着八角星的双通道进行嵌线，之后对形成梯形图案的辐射线进行嵌线。对梯形内的弧形通道进行嵌线，然后对图案内的平行通道分别嵌线。开始和结束时留大约5mm长的线尾。对四角通道进行嵌线，最后对区块外边缘的三条通道进行嵌线。

5 用珠针固定，把絮料（铺棉）和第二块平纹薄棉布（薄纱棉布）以网格状粗缝（疏缝）在区块9表布背后。

6 参考模板3进行压线。使用缝制图案时所用的线，从作品中间开始，以基础绗缝针法在已缝好的主图外边缘进行压线，在必要的地方进行落针压线。逐渐向区块外边缘压线。最后如图所示用十字交叉网格状压线填满每个角落处的背景，即使用1cm宽的美纹胶带先压垂直线，再压水平线。

7 在模板3中蓝色圆点标示的位置，穿透所有层钉缝珍珠。

8 在一小片纸上写序号，用安全别针固定在这个区块上。将这个区块暂且搁置一旁。

准备好所有区块

检查每一个已经完成的区块尺寸是否相同。确保每一个区块的外边缘靠近图案最后穿嵌的通道处都有一条压线。使用缝纫机，配合5mm压脚，使用中到大号直线针脚，在距离最后的压线5mm处穿透所有层进行缝制。距离上一条机缝线5mm处再缝一遍。这将使各层更加牢固，现在环绕整个区块的第二条机缝线，距离最后的压线有1cm，这就是缝份。靠近第二条机缝线修剪掉线外的布边。重复以上步骤制作好9个区块。每一个区块最终都是边长42.5cm的正方形。9个区块已经全部完成，现在可以准备添加边框进行组合了。

区块1细节，“花彩星饰”，展示了沿压线钉缝在中心的小米珠

组合

按顺序把每个区块用珠针固定在棉布床单或设计墙（译者注：可以选购拼布专用的静电粘贴布）上。这样你就可以看到绗缝被完成时的样子，并且可以防止不小心把区块顺序缝错。序号可以继续留在原来的位置，直到9个区块全部拼合完成。整个作品的缝份都是1cm。

内部框格与外边框裁剪尺寸：

- 24条绗缝白棉布（平纹细布）：42.5cm×7.5cm
- 16块正方形绗缝白棉布（平纹细布）：7.5cm×7.5cm
- 36条平纹薄棉布（薄纱棉布）：42.5cm×7.5cm
- 16块正方形平纹薄棉布（薄纱棉布）：7.5cm×7.5cm
- 4条平纹薄棉布（薄纱棉布）：138cm×7.5cm
- 12条涤纶絮料（铺棉）：42.5cm×7.5cm
- 4条涤纶絮料（铺棉）：138cm×7.5cm

1 取出4条42.5cm×7.5cm的绗缝白棉布（平纹细布）和4条42.5cm×7.5cm的平纹薄棉布（薄纱棉布）。在每一条绗缝白棉布（平纹细布）的背后添加一条平纹薄棉布（薄纱棉布），在距离布边1cm处将其粗缝（疏缝）在一起，四边皆如此制作。

2 先用珠针固定并粗缝（疏缝）。将拉链压脚（或者滚边压脚）安装在缝纫机上，留1cm缝份，将步骤1制作好的边框布条沿粗缝（疏缝）线分别与区块1、区块3的两侧边缝合，确保缝线靠近每个区块外轮廓通道处的最后压线，注意不要缝到通道上！接下来将边框布条与区块2的两侧拼缝起来，绗缝被的第一排就制作完成了。

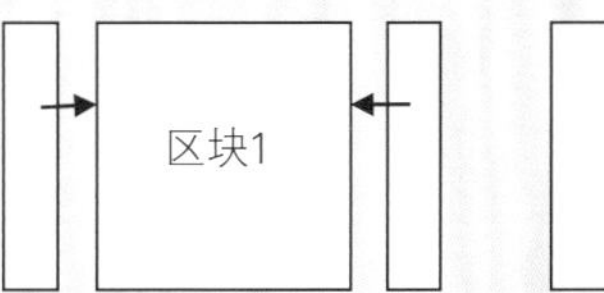

3 和步骤1一样，将4块7.5cm×7.5cm的正方形平纹薄棉布（薄纱棉布）、3条42.5cm×7.5cm的平纹薄棉布（薄纱棉布），分别与相应尺寸的绗缝白棉布（平纹细布）粗缝（疏缝）在一起。留1cm缝份，将正方形布块与布条如图所示首尾相接缝在一起形成一长条。注意正方形布块和布条要与第一排的下边缘完全对齐，必要时进行调整。沿第一排下边缘用珠针固定这一长条，进行粗缝（疏缝）。

4 先用珠针固定并粗缝（疏缝）。在缝纫机上安装拉链压脚（或者滚边压脚），留1cm缝份，将步骤3制作好的长边条沿粗缝（疏缝）线拼缝在第一排的底边，确保缝线像之前那样靠近每个区块外轮廓通道处的最后压线。

5 按照步骤3，以同样的方法制作长边条，如下图所示，与第一排的顶边拼缝起来。

区块1 区块2 区块3

6 按照步骤1、2，将区块4、5、6与边框布条连接起来，制作好第二排。按照步骤3制作一条长边条，以同样的方法把长边条与第二排的底边拼缝起来。

7 按照步骤1、2，将区块7、8、9与边框布条连接起来，制作好第三排。按照步骤3制作一条长边条，以同样的方法把长边条与第三排的底边拼缝起来。

8 将第二排的顶边与第一排的底边拼缝在一起，检查区块与边条是否对齐。

9 取出一条138cm×7.5cm的涤纶絮料（铺棉），修剪至5cm宽，将其放置在第一排与第二排之间边条布的背面。把它夹在长边缝份的下面，粗缝（疏缝）固定。

10 取出一条138cm×7.5cm的平纹薄棉布（薄纱棉布），把它放在步骤9的絮料（铺棉）条上面。翻开长边的缝份。用珠针别好，之后用平针缝以同样的方法把平纹薄棉布（薄纱棉布）缝在这一排的后面。

11 把第三排的顶边与第二排的底边拼缝起来，在第二排和第三排之间的边条处按照步骤9、10添加另一条絮料（铺棉）和平纹薄棉布（薄纱棉布）。

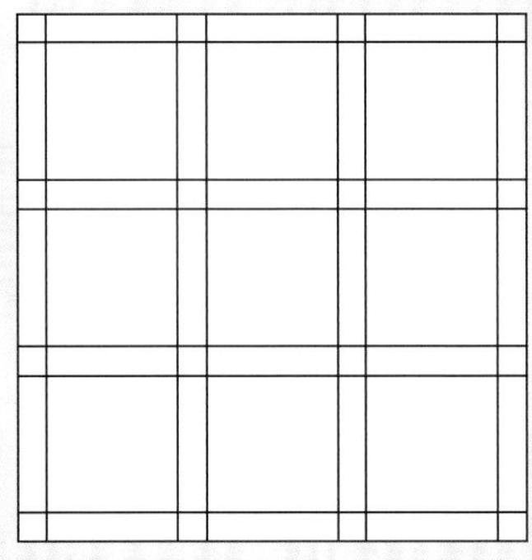

9个区块以及相应的边框条拼接完成

12 按照下列指示继续完成第一排的顶边：取出一条138cm×7.5cm的涤纶絮料（铺棉），修剪至6.5cm宽。把它放置在第一排顶边边条布的背面。像之前那样把絮料（铺棉）夹在与区块相邻的长边缝份下面，粗缝（疏缝）固定。将另一边对齐在边条的上边，并沿缝份线将所有层粗缝（疏缝）在一起。

13 取出一条138cm×7.5cm的平纹薄棉布（薄纱棉布），修剪至6.5cm宽，将其放在絮料（铺棉）条上面。只翻开靠近区块一条长边缝份并沿第一排与边条拼接的缝线进行缝制。对齐另一条长边，穿透布料所有层将其粗缝（疏缝）固定。

14 重复步骤12、13完成第三排的底边。

15 重复步骤9~14，使用42.5cm×7.5cm的絮料（铺棉）和平纹薄棉布（薄纱棉布），完成在区块侧边边框布背面缝制。去除号码纸。现在，表布已经准备就绪，可以添加背布了。

添加背布

1 测量表布尺寸，应该是边长大约137cm的正方形。如果不是，请相应调整背布的尺寸。将背布裁剪成137cm×48cm的三条。

2 将其中一条放置在第二排背面。用珠针别好，同时粗缝（疏缝）固定两条长边。用小针脚的平针缝，在距离背布的布边1cm处，将长边缝在表布的背面。

3 用小针脚的粗缝（疏缝）针法，将短边缝在1cm的缝份上。

4 在第一排的背面添加第二条背布，长边要折进1cm并熨烫。

5 把折好的边放在第二排背布顶边的毛布边上，使它刚好盖住平针缝针脚。用珠针别好并粗缝（疏缝）固定这一背布条。

6 用小针脚的对针缝，沿着折好的布边将背布条缝在一起，之后同步骤3将另一条长边及两条短边粗缝（疏缝）在第一排的缝份上。

7 按照步骤4~6在第三排表布背面添加最后一条背布，但是这次要将折好的边盖住第二排背布底边的毛布边和平针缝针脚。修剪掉绗缝被边缘所有多余的布料，使其与边框的绗缝白棉布（平纹细布）宽度平齐。确保有一条沿着1cm缝份穿透所有布层缝制的粗缝（疏缝）线。

压线

从中间的区块5开始，使用1cm宽的美纹胶带作为参考线，穿透所有层，沿着每个区块外边缘在边框上压线。围绕每个小的交叉的正方形做落针压线。从绗缝被的中心向外进行压线。

包边

1 测量绗缝被的尺寸，这将帮助你确定作品的最终尺寸（我的作品尺寸为边长137cm）。完成后包边的宽度为1cm，以匹配作品的宽度。对于两侧，需要裁剪两条137cm×5.5cm的绗缝白棉布（平纹细布）。

2 从两侧开始。用珠针别好，并把第一条包边条粗缝（疏缝）固定在绗缝被的正面（布条正面对着绗缝被正面）。把包边条与绗缝被边缘对齐，使用中到大号针脚，用缝纫机在距离布边1cm处穿透所有层缝制。

3 把包边条折向绗缝被的背面，并再次将毛布边向内折叠，使包边条保持平整并恰好盖住机缝线。将此折边手缝固定在绗缝被背面的机缝线上，用卷边缝或小针脚的对针缝均可。重复上述步骤用另一条包边条制作好相对侧边的包边。

4 对于绗缝被的顶边和底边，你需要在测量横边宽度的基础上增加2.5cm，以便更好地制作拐角末端。

5 以同样的方法裁剪并在绗缝被顶边添加第一条包边条，但记得在像之前那样把包边条缝在绗缝被正面之前，绗缝被顶边包边条的每一端要各留1cm可以重叠的余量。

6 把包边条折向绗缝被的背面，并把超出的布端向里折，做出整齐的直角。再次将毛布边向内折叠，使折边恰好盖住机缝线。用珠针别好并粗缝（疏缝）固定。

7 用对针缝或卷边缝将折边缝在绗缝被背面的机缝线上。用卷边缝缝好拐角。重复上述步骤制作好底边包边，绗缝被就完成了。拆除所有粗缝（疏缝）线。

8 最后，在每个小正方形的中心穿透所有层分别钉缝好16颗装饰平扣。

完工小贴士

养成制作标签的习惯，上面标注你的名字和作品完成日期，以及你能想到的任何与作品相关的信息。把这个标签缝在绗缝被的背面。

应用作品8

喜庆的节日餐桌装饰

▶ 直径58.5cm

这款喜庆的节日餐桌装饰包含菟葵花、槲寄生、冬青、常春藤、五角星图案和许多闪亮的饰物，整个作品光芒闪耀。如果在上面竖起一支蜡烛或者一棵小圣诞树，那就更完美了！我从一套包括旧卡片、印花餐巾纸的圣诞收藏品中汲取灵感。在整个圆形中图案重复了四次。我选择使用红色、绿色、白色和金色线来缝制，并用珠子和水晶来装饰。作品中心我设计了五角星图案，你也可以代之以交叉网格状压线。把外边缘折到背面固定并整理好，这样简单处理边缘就很漂亮了，不需要额外嵌绳或包边。

所需材料

- 一块边长70cm的正方形绗缝白棉布（平纹细布），作为表布
- 一块边长70cm的正方形背布（我使用了浮水布）
- 两块边长70cm的正方形平纹薄棉布（薄纱棉布）
- 两块边长70cm的57g的正方形Thermore絮料（铺棉），虽然这是一种稍稍扁平的絮料（铺棉），它依然具有成功完成技法所需的“弹性”和“空间”
- 一束绗缝羊毛纱线
- 一小袋玩偶填充棉（或撕碎的涤纶絮料/铺棉）
- 不同颜色的机缝线，用于缝制，包括用于绕线绗缝的金属线
- 象牙白色、金色及段染机缝线，用于压线
- 浅蓝色或粉色粗缝（疏缝）线
- 5mm宽的低黏度美纹胶带
- 各种不同的小珠子，我使用了：
  直径3mm的金色珠子
  直径2mm的浅绿色珠子
  直径4mm的透明切面水晶珠
  直径4mm的蓝绿色金属涂层珠
  尺寸5mm的金色金属星形珠
  尺寸10mm和15mm的银色星星
  少量尺寸3mm、4mm和5mm的中国水晶和施华洛世奇水晶，热烫和冷粘均可
- 针
- 填充工具
- HB铅笔
- 烫钻器或旅行熨斗
- 冷粘贴花胶

绗缝表面被压线和装饰物覆盖，这是一个纯粹的装饰性作品

立体绗缝

模板1A，实物等大纸型参见附页

首先你需要使用模板1A制作4片完全相同的扇形图样来完成整个外部圆环，需要将其描画在绗缝白棉布（平纹细布）上并仔细地拼接起来。作品的中心使用模板1B：圆形轮廓，内部五角星图案。

1 将正方形绗缝白棉布（平纹细布）对折，再次对折使其变成四分之一大小。轻轻地熨烫并打开。用浅蓝色线沿折叠线粗缝（疏缝），将布料分成四份。将图纸放置在平坦的表面，把绗缝白棉布（平纹细布）直接放在图纸上面。把布料上四分之一处的粗缝（疏缝）线与模板1A的直边对齐，模板的内弧朝向绗缝白棉布（平纹细布）的中心。使用尺子测量，从布料中心到模板1A的外弧边缘，每一个方向的距离都是28cm。只把内弧和外弧描画在绗缝白棉布（平纹细布）上。小心地把绗缝白棉布（平纹细布）移动到相邻的四分之一部分，像之前那样与模板对齐。重复以上步骤画好剩下的部分，你就得到了完整的圆环图案。

2 把图案描画至绗缝白棉布（平纹细布）的每个四分之一部分。固定模板1B，描画好五角星图案，如果你想在作品中心进行交叉网格状压线，这里也可以留白。去掉图纸。

3 以间距2.5cm的网格状将平纹薄棉布（薄纱棉布）粗缝（疏缝）在画好图案的绗缝白棉布（平纹细布）背后，并在图案边缘外侧距离设计图1cm处添加一圈粗缝（疏缝）线。正方形边缘外侧也进行粗缝（疏缝）以固定所有布料。槲寄生及其浆果，冬青浆果，菟葵花花芯、花萼和茎，模板1A内的单五角星，心形，这些图案全部用回针缝缝制。所有的菟葵花花瓣，先用白色或浅灰色线以回针缝缝制，后续再用白色金属线绕线绗缝（参见第28页）。

4 接下来进行平针缝：冬青叶，常春藤叶的内、外层，椭圆形叶片的双线叶脉，模板1A内所有的双五角星图案。椭圆形叶片则是首先用平针缝缝制，后续再用绿色金属线绕线绗缝。蕨叶，冬青叶脉，常春藤叶脉，菟葵花花瓣上的直线，欧芹，都保留铅笔线先不缝制。中心圆内的五角星图案也保留铅笔线，直到压线阶段才缝制。你可以参考第102、103页的作品完成图来寻找配色灵感。

5 参考模板2外环的标示添加附加缝纫线；中心圆形参考模板1B的标示添加附加缝纫线。使用5mm宽的美纹胶带辅助制作两条环绕中心圆形及三条环绕外圆的通道。必要之处你可以小心地沿着曲折的图案弯曲美纹胶带。用平针缝缝制所有附加线。查看参考图，用白色金属线对所有菟葵花花瓣、用绿色金属线对椭圆形叶片的外边缘进行绕线绗缝。拆除粗缝（疏缝）线，仅留下图案外边缘的一圈粗缝（疏缝）线。仔细熨烫作品两面。熨烫时使用绗缝白棉布（平纹细布）覆盖以保护金属线。

模板1B，实物等大纸型参见附页

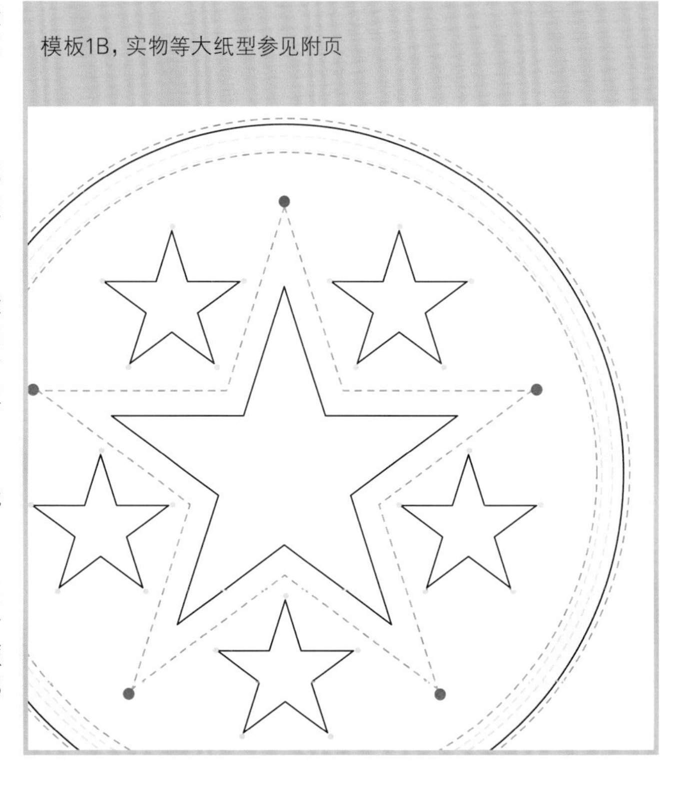

6 将作品翻到背面，填充模板2中标示的粉色区域。注意每个较大的图案都不要过度填充。冬青叶填充完毕后，用平针缝将叶脉缝在表面。

7 参考模板2中标示的绿色区域进行嵌线。从环绕常春藤叶的通道开始，之后穿嵌双五角星图案，记得在图案方向变化时留下小线环。用羊毛纱线穿嵌槲寄生，叶片较宽的地方用线量加倍。对任何非常小的图案进行嵌线都是困难的，如槲寄生的茎、莨葵花的花萼，还有椭圆形叶片上细窄的叶脉。从内层的通道开始最后穿嵌中心圆形。如果可能，使用一根较长的羊毛纱线，但穿入和拉出通道时要非常小心，这样才不会断开——或者分成两个半圆进行穿嵌。接下来穿嵌外层的圆形通道。再次使用较长的羊毛纱线或者分成两个半圆穿嵌。穿嵌时要确保圆形平整，不拉出褶皱。

8 用珠针别好并粗缝（疏缝）两块絮料（铺棉），形成双层的絮料（铺棉），然后像之前那样用平针缝以网格状将平纹薄棉布（薄纱棉布）缝在背后。将所有层粗缝（疏缝）在一起。

9 参考模板3和模板1B进行压线，也可以用星形或十字交叉绗缝代替。从中心的大五角星图案开始，用金色线缝制中心大五角星，用段染线缝制模板1B内的其他五角星。用象牙白色线对中心大五角星进行环绕压线，再围绕圆形通道的两侧压线，然后对外环的内侧和外侧进行压线。使用象牙白色线围绕所有花朵、浆果和叶片进行压线。叶脉的压线，不要太深，只到第一层絮料（铺棉）即可。

10 对剩下的保留铅笔线的图案和部位进行压线，我用金色线以回针缝对蕨叶和欧芹图案压线；用象牙白色线沿莨葵花花瓣上的直线压线。心形和单五角星用回针缝压线，双五角星用平针缝压线。在距离圆形外边缘最后压线1cm处，即靠近1cm粗缝（疏缝）线处穿透所有层压线。小心地拆除所有粗缝（疏缝）线。

组合

1 沿圆形外边缘，在距离最外侧压线2cm处用铅笔画一条标记线。沿这条线剪掉多余的绗缝白棉布（平纹细布）。将绗缝白棉布（平纹细布）向作品正面折叠2cm，用珠针固定好，露出其余各层。

2 从作品背面小心地修剪平纹薄棉布（薄纱棉布）和絮料（铺棉），在距离压线2mm处修剪，保留绗缝白棉布（平纹细布）不动。去掉珠针，再将绗缝白棉布（平纹细布）按照压线折向作品背面。

3 用珠针固定到作品背面，并用人字缝（参见第26页）或小针脚的粗缝（疏缝），将其固定到作品背面，确保从正面看不到针脚。

4 接下来参考模板3中蓝色圆点和米字星符号所标示位置，参考模板1B中蓝色和红色圆点所标示位置，添加所有装饰物。先钉缝珠子和银色星星，然后遵照说明书固定热烫和冷粘水晶。放置一夜以待牢固。由于水晶一旦固定错误则无法修正，通常在装饰作品前要在废布上对水晶进行测试，并确认胶干所需时长。

5 最后，把背布正面朝下置于平坦的表面，再把表布放在上面。利用表布作为模板来裁剪相同尺寸的背布。用珠针把背布固定在表布的背面，防止面料打滑。将背布的毛边向内折，并仔细地用珠针将其固定在距离作品外边缘5mm处。用小针脚的对针缝将背布固定在表布的背后。你会发现，压线对作品产生了轻微的拉拽，现在作品的直径测量起来大约为58.5cm。

下图展示了使用各种绗缝方法和装饰配件制成的重复性的主体图案

完成的餐桌装饰：边缘折到背面，制作出了平整的封边

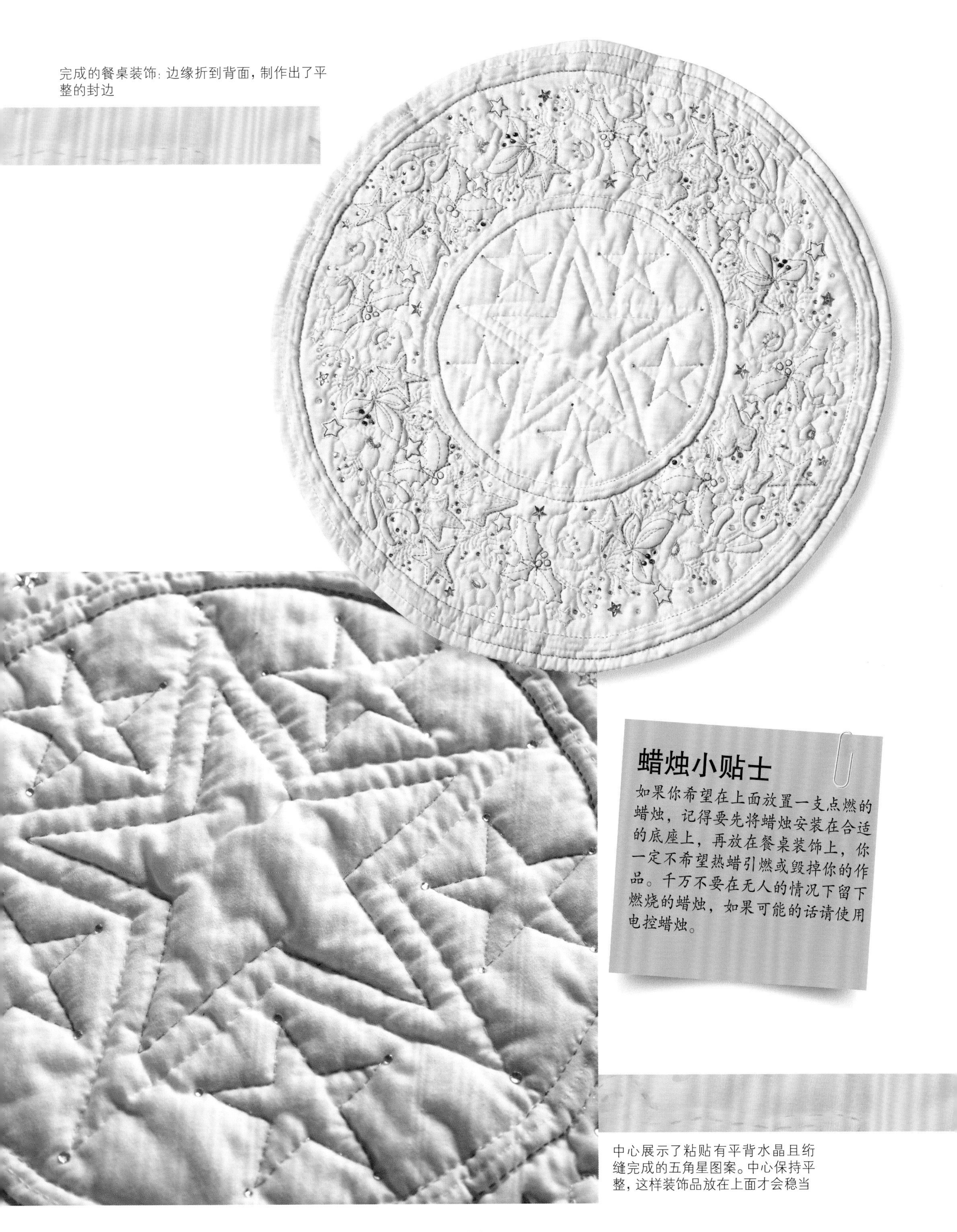

蜡烛小贴士

如果你希望在上面放置一支点燃的蜡烛，记得要先将蜡烛安装在合适的底座上，再放在餐桌装饰上，你一定不希望热蜡引燃或毁掉你的作品。千万不要在无人的情况下留下燃烧的蜡烛，如果可能的话请使用电控蜡烛。

中心展示了粘贴有平背水晶且绗缝完成的五角星图案。中心保持平整，这样装饰品放在上面才会稳当

冬雪桌旗

▸ 作品最宽处 209cm×104cm

我就是喜欢圣诞节！在我的记忆中，圣诞节就是我们家一年中的奇妙时光。我还记得我父亲拖回家的圣诞树似乎是半棵树，然后不得不把它放在前厅里。之后他逐步砍削根部，直到它可以完美地摆入角落，而树梢和天花板之间也只有很小的空间！那些日子里，我们的家常常被比作圣诞洞穴，因为我们用了将近两个星期的时间来为圣诞节做准备。现在我已经有了孙辈，保持这些家庭传统就更重要了。

我受到启发要做一条节日桌旗，并选择了雪花和驯鹿作为设计主题。布料，我选择了蓝色和白色的组合，与传统的红绿色组合略有不同，后来我发现我还有一些有趣的圣诞布料可以利用。添加水晶饰物会让作品更具魅力，因而不能忽视。

我想要做出与众不同的桌旗，所以决定将桌旗制作成异型边缘。和我的大多数作品一样，随着设计的进展它也在不断扩大。这条桌旗包括7个图案区块，其中包含了互成镜像的图案，当你描画这些图案时要注意，然后按照指示线缝制、嵌线、填充和压线，最后可选择添加装饰配件。如果你不想做桌旗，也可以做一套圣诞抱枕，或者做成壁饰。

在开始制作之前，请通读教程，让自己熟悉一下图案，了解它们是如何组成桌旗的。在组合阶段你可能不得不做 些小的调整，这取决于你是如何缝制的。

所需材料

布料均为112cm幅宽，除非另有说明。

- 1m绗缝白棉布（平纹细布），用于雪花区块
- 3.5m平纹薄棉布（薄纱棉布），1m幅宽
- 2.25m背布
- 60cm布料，用于包边
- 4m×1m的57g的Thermore絮料（铺棉）：虽然这种絮料（铺棉）比较扁平，但它依然具有成功完成技法所需的“弹性”和“空间”；不要使用纯棉或毯式絮料（铺棉），因为它们的纤维“空间”和“弹性”都是不足的
- 以下每种布料各需50cm
  带白色圆点的浅紫色布料（a）
  灰底白雪花图案布料（b）
  印有蓝色假日词语的白色布料（c）
  带白色圆点的蓝色布料（d）
- 1m蓝色平纹布料，用于制作雄鹿区块和条纹板块（e）
- 两束绗缝羊毛纱线
- 一小袋玩偶填充棉（或撕碎的涤纶絮料/铺棉）
- 与布料颜色相近的机缝线，包括用于缝制图案的金属线、蓝色丝光绣线和中灰色段染线
- 白色合股刺绣棉线
- 象牙白色、银色和蓝色机缝线，用于压线
- 浅绿色或粉色粗缝（疏缝）线
- 各种不同的花朵形状水晶珠：我使用的是尺寸5mm和1cm的彩虹色水晶珠
- 少量尺寸3mm、4mm和5mm的透明中国水晶和施华洛世奇水晶，包括热烫和冷粘两种切面形状的
- 4颗尺寸15mm的银色星星
- 针
- 填充工具
- HB铅笔
- 烫钻器或旅行熨斗
- 冷粘贴花胶

配置图

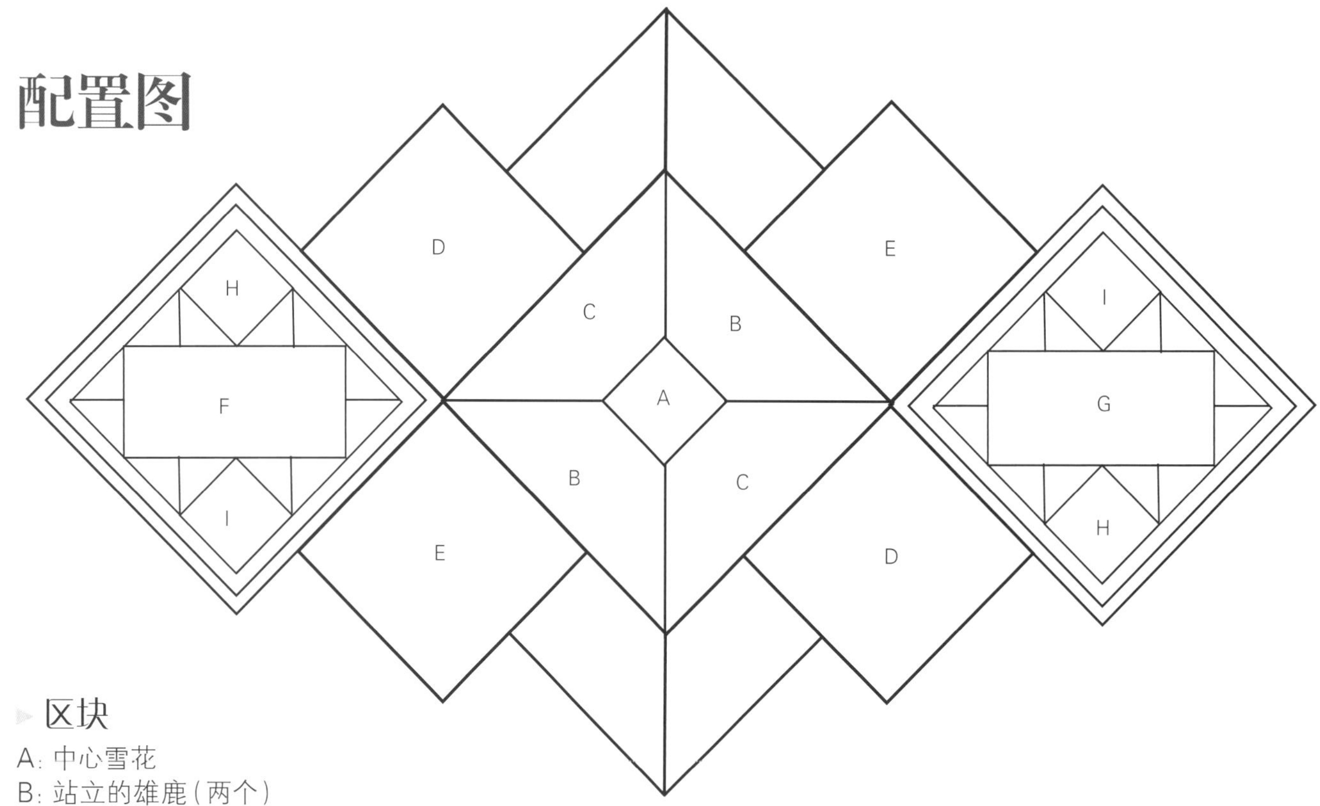

区块

A: 中心雪花
B: 站立的雄鹿(两个)
C: B的镜像图案(两个)
D: 大雪花(两个)
E: 大雪花(两个)
F: 奔跑的雄鹿
G: F的镜像图案
H: 小雪花(两个)
I: 小雪花(两个)
其余区域是用圣诞布布条翻缝制作而成的条纹板块。

此桌旗由不同的区块组合而成，参见上方的区块排列图解

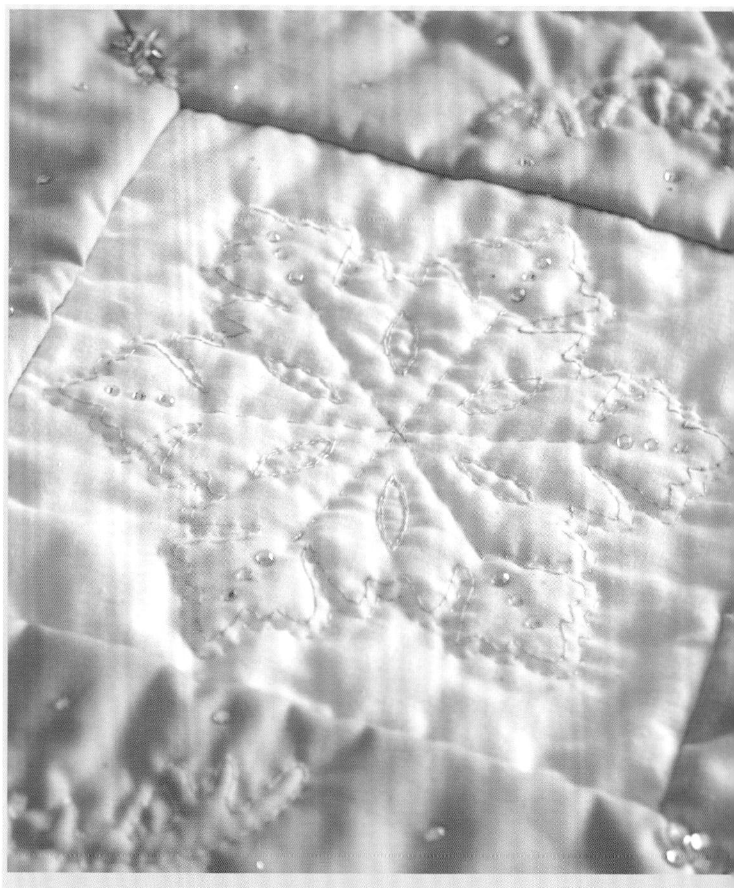

区块A: 这片“雪花”尽可能保持平整(未进行填充和嵌线)，这样你在桌旗的中央摆放物品才会稳当

立体绗缝

先从雄鹿和雪花区块开始制作这条桌旗：选择所需的图纸，并在开始缝制前就裁剪好每一个区块的布料。除非另有说明，全部缝份均为1cm，这样后期需要时可以进行修剪。

区块A：中心雪花

1 首先从绗缝白棉布（平纹细布）上裁剪一块边长20cm的正方形，从平纹薄棉布（薄纱棉布）上裁剪两块边长20cm的正方形，再裁剪一块边长20cm的絮料（铺棉）。

2 参考模板1，轻轻地在正方形绗缝白棉布（平纹细布）内侧画出一个新的边长18cm的正方形。仔细地将雪花图案描画在这个正方形内，雪花的顶角应与绗缝白棉布（平纹细布）的其中一角对齐在一条线上，这种图案被称为“点对称”图案。去掉图纸。

3 将一块平纹薄棉布（薄纱棉布）粗缝（疏缝）在画好图案的绗缝白棉布（平纹细布）的背后，它只是作为这个区块的辅助布料，使该区块和其他区块的重量相同，并更容易缝制。用小针脚沿区块四周在缝份上粗缝（疏缝）。

4 用中灰色段染机缝线以回针缝沿图案轮廓缝制。用浅蓝色线以回针缝缝制椭圆形图案。熨烫作品两面。

5 将絮料（铺棉）和第二块平纹薄棉布（薄纱棉布）添加至作品背面，将几层粗缝（疏缝）在一起。这个区块不进行填充和嵌线。

6 参考模板2，使用银色机缝线，沿中心放射线穿透所有层压线，在中心交叉处缝两针制作出星形。

7 使用丝光绣线沿椭圆形进行绕线绗缝。环绕雪花图案，在其轮廓外3mm处进行压线。雪花尖角处的十八个蓝色圆点标示了在最后步骤中将要钉缝装饰物的位置。

8 拆除作品中心的所有粗缝（疏缝）线，但保留缝份上的粗缝（疏缝）线。在一小片纸上写字母A，用安全别针把纸固定在区块的中心上方。将这个区块暂且搁置一旁。

模板1，实物等大纸型参见附页

模板2

区块B和C：站立的雄鹿，每个制作两份

1 裁剪一块20cm×48.5cm的蓝色平纹布料，再裁剪同样尺寸的两块平纹薄棉布（薄纱棉布）和一块絮料（铺棉）。

2 将模板1上的梯形和雄鹿图案描画在蓝色平纹布料上，在雄鹿的两边描画植物图案，标记好固定装饰物的点——半个星形和所有小圆圈。去掉图纸。将一块平纹薄棉布（薄纱棉布）放在画好图案的蓝色平纹布料的背后，以网格状将两层粗缝（疏缝）起来，缝份上也要粗缝（疏缝）一周。

3 用两股白色刺绣棉线以回针缝缝制雄鹿图案。拆除已缝好区域的粗缝（疏缝）线。熨烫作品两面。

4 参考模板2中标示的粉色区域对雄鹿身体进行填充。以绿色标示的腿部和鹿角非常狭小，不容易填充，则进行嵌线：穿入绗缝羊毛纱线，一端藏在填充物中，另一端留短线尾。

5 在表布背后添加絮料（铺棉）和第二块平纹薄棉布（薄纱棉布），将几层粗缝（疏缝）在一起。

6 参考模板2进行压线。使用匹配的蓝色机缝线，围绕雄鹿靠近白色缝线进行压线。使用银色线和平针缝对右边的植物进行压线。用蓝色丝光绣线对茎进行绕线绗缝。左边的植物，用银色线以平针缝对叶子进行压线，用回针缝对茎进行压线。剩下的蕨类植物用银色线以飞鸟绣缝制，一些蕨叶顶端用雏菊绣（细节参见第115页）缝制。现在暂且忽略模板上的蓝色标示，这是在最后步骤中将要钉缝装饰物的位置。

7 拆除作品中心的所有粗缝（疏缝）线，但保留缝份上的粗缝（疏缝）线。在一小片纸上写字母B，用安全别针把纸固定在区块的中心上方。将这个区块暂且搁置一旁。

8 制作第二个完全相同的区块B。

9 区块C的模板使用区块B的镜像图案。将图案转印到布料上以后，用和区块B完全相同的方法制作两个区块C。

模板1，实物等大纸型参见附页

模板2

区块D：大雪花，制作两份

模板1，实物等大纸型参见附页

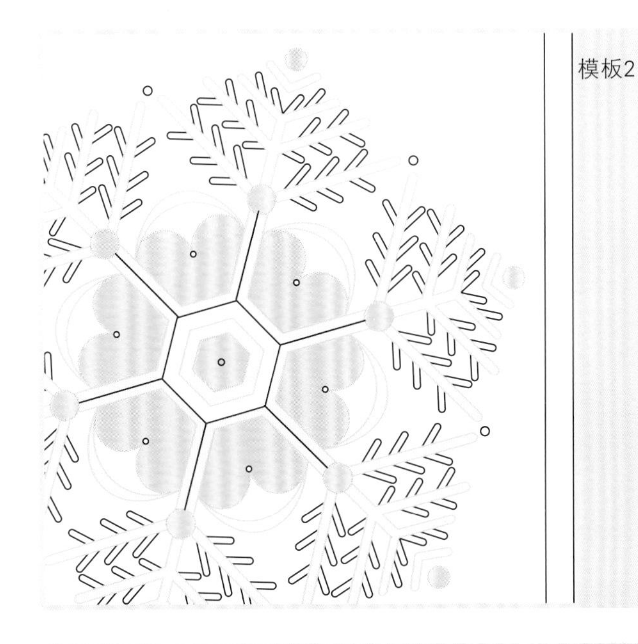

模板2

模板3

1 从纺缝白棉布（平纹细布）上裁剪一块边长38cm的正方形。再裁剪同样尺寸的两块平纹薄棉布（薄纱棉布）和一块絮料（铺棉）。轻轻地在纺缝白棉布（平纹细布）内部画一个边长32cm的正方形。然后在这个正方形内仔细地画出“点对称”的雪花图案，雪花的顶角与正方形的一个角对齐在一条线上。

2 将其中一块正方形平纹薄棉布（薄纱棉布）以网格状粗缝（疏缝）在画好图案的纺缝白棉布（平纹细布）的背后，之后用小针脚沿区块四周在缝份上粗缝（疏缝）。从中心开始向外缝制图案。用中灰色段染线对雪花中心的两个六边形进行回针缝。换成蓝色线，以回针缝缝制第三个六边形及其向外延伸至圆形的放射线。接下来使用丝光绣线，围绕五边形图案内侧进行平针缝，然后以回针缝缝制圆形及其上方延伸的双条线。以平针缝缝制剩下的主要“枝杈”和靠近外层小圆的“V”字形图案。使用蓝色线，以回针缝缝制五边形的外轮廓形成一个星形图案。使用中灰色段染线，以回针缝缝制两侧的半月形，然后以平针缝缝制每一个五边形内部的花瓣形状曲线。最后用中灰色段染线以回针缝缝制外层的小圆。不要缝制枝杈上的“叶子”，这些将在后面压线阶段完成。拆除粗缝（疏缝）线，熨烫作品两面。

3 参考模板2进行填充和嵌线。填充粉色标示的圆形、六边形的中心和花瓣形状。对所有绿色标示的区域进行嵌线：用纺缝羊毛纱线双线嵌入，记得在尖角处留小线环，并在通道起始和结束的地方留短线尾。“V”字形“枝杈”也要嵌线。

4 在表布背后添加絮料（铺棉）和第二块平纹薄棉布（薄纱棉布），将几层粗缝（疏缝）在一起。参考模板3，仅对标示区域进行压线。从作品中心开始，使用银色机缝线，围绕嵌线后的六边形外缘压线，之后沿着大六边形的内侧靠近初始缝线进行压线。接下来沿着形成星形图案的五边形外缘和大圆外缘，靠近之前的缝线进行压线。环绕外圈的小圆，间距2mm进行压线。使用蓝色丝光绣线环绕半月形图案的外缘进行压线。使用象牙白色机缝线靠近“枝杈”如图标示的地方进行压线。换回银色线以小针脚的平针缝围绕“枝杈”两侧的每片“叶子”进行压线（参见下方特写图），此时针仅穿透絮料（铺棉）的表层。

5 现在，暂且忽略模板上的蓝色标示，这在最后步骤中将要钉缝装饰物的位置。拆除作品中心的所有粗缝（疏缝）线，但保留缝份上的粗缝（疏缝）线。在一小片纸上写字母D，用安全别针把纸固定在区块的中心上方。将这个区块暂且搁置一旁。制作第二个完全相同的大雪花区块D。

模板3：特写

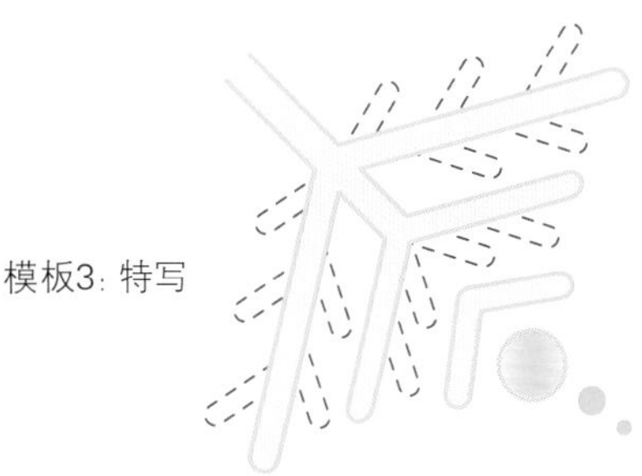

区块E：大雪花，制作两份

1 从绗缝白棉布（平纹细布）上裁剪一块边长38cm的正方形。再裁剪同样尺寸的两块平纹薄棉布（薄纱棉布）和一块絮料（铺棉）。轻轻地在绗缝白棉布（平纹细布）内部画一个边长32cm的正方形。然后在这个正方形内仔细地画出“点对称”的雪花图案，像之前那样，雪花的顶角与正方形的一个角对齐在一条线上。

2 将其中一块正方形平纹薄棉布（薄纱棉布）以网格状粗缝（疏缝）在画好图案的绗缝白棉布（平纹细布）的背后，之后用小针脚沿区块四周在缝份上粗缝（疏缝）。从中心开始向外缝制图案。用蓝色机缝线，以回针缝缝制靠近雪花中心的六边形。换成丝光绣线用平针缝缝制图案中心的圆形。接下来用回针缝沿花朵图案缝制。换成中灰色段染线沿每个花瓣末端的类椭圆形外缘进行回针缝，内边缘进行平针缝。使用无光泽的丝线以回针缝缝制弯曲的弧线图案，沿类五边形图案内侧进行平针缝，换成蓝色机缝线对该图形外缘进行回针缝。换成中灰色段染线以回针缝缝制图案之间的尖头图案和三个串在一起的圆形图案。拆除粗缝（疏缝）线，熨烫作品两面。

3 参考模板2进行填充和嵌线。填充所有粉色标示的区域。对所有绿色标示的区域进行嵌线：用绗缝羊毛纱线嵌入，记得在尖角处留小线环，并在通道起始和结束的地方留短线尾。

4 在表布背后添加絮料（铺棉）和第二块平纹薄棉布（薄纱棉布），将几层粗缝（疏缝）在一起。

5 参考模板3进行压线。从作品中心开始，使用银色机缝线，沿中心圆形外侧压线，之后在六边形内侧靠近初始缝线处压线。用象牙白色机缝线沿花朵和弯曲的弧线图案外侧靠近初始缝线处压线。换回银色线，环绕类椭圆形外侧压线，然后环绕类五边形外缘2mm处压线。用蓝色丝光绣线围绕尖头图案和三个串在一起的圆形的轮廓进行绕线绗缝。最后用银色线对从三个串在一起的圆形中露头的放射线进行回针缝压线。

6 现在，暂且忽略模板中的蓝色标示，这是在最后步骤中将要钉缝装饰物的位置。

7 拆除作品中心的所有粗缝（疏缝）线，但保留缝份上的粗缝（疏缝）线。在一小片纸上写字母E，用安全别针把纸固定在区块的中心上方。将这个区块暂且搁置一旁。制作第二个完全相同的大雪花区块E。

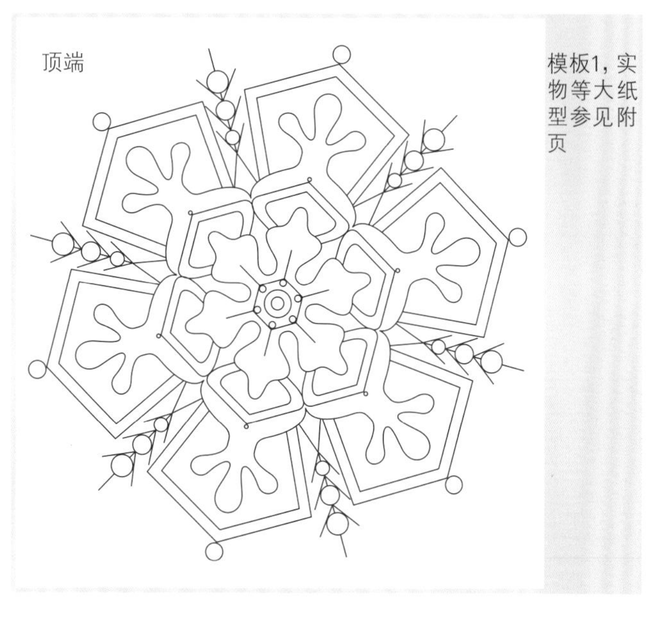

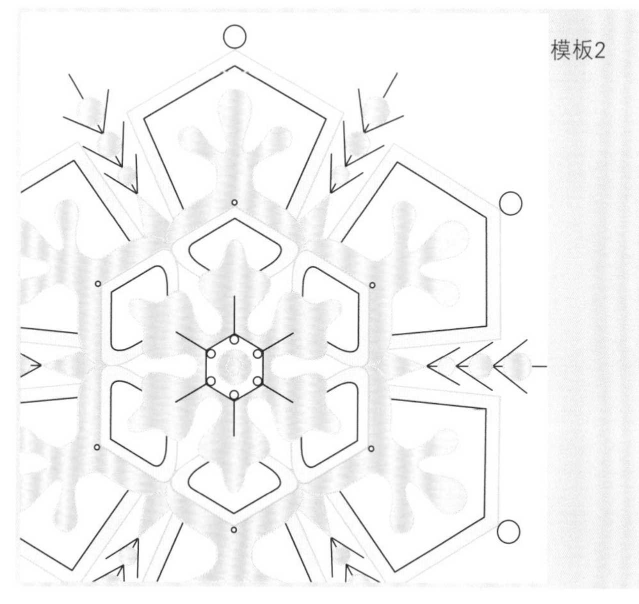

区块F和G：奔跑的雄鹿，每个制作一份

模板1，实物等大纸型参见附页

模板2

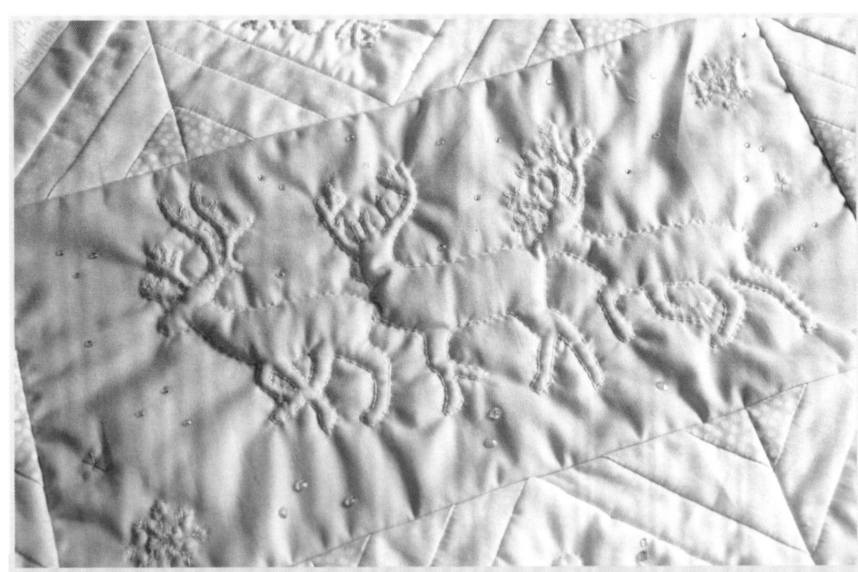

区块G是区块F的镜像图案，做出来就像是向中心聚集的奔跑的鹿群

1 裁剪一块26.5cm×45.5cm的蓝色平纹布料。再裁剪同样尺寸的两块平纹薄棉布（薄纱棉布）和一块絮料（铺棉）。将模板1上的长方形和雄鹿图案居中描画在蓝色平纹布料上。描画雄鹿两侧的雪花图案和固定装饰物的圆点标示。去掉图纸。

2 将其中一块平纹薄棉布（薄纱棉布）以网格状粗缝（疏缝）在画好图案的蓝色平纹布料的背后，缝份上也要粗缝（疏缝）一周。

3 用两股白色刺绣棉线以回针缝缝制雄鹿图案。拆除已缝好区域的粗缝（疏缝）线。熨烫作品两面。

4 参考模板2中标示的粉色区域对雄鹿身体进行填充。以绿色标示的腿部和鹿角非常狭小，不容易填充，则进行嵌线：穿入绗缝羊毛纱线，一端藏在填充物中，另一端留短线尾。

5 在表布背后添加絮料（铺棉）和第二块平纹薄棉布（薄纱棉布），将几层粗缝（疏缝）在一起。

6 参考模板2进行压线。使用匹配的蓝色机缝线，围绕雄鹿靠近白色缝线进行压线。使用银色线以双十字星绣（参见第25页）针法缝出小雪花图案。用银色线以飞鸟绣针法缝出略大的雪花图案，在连接处加上直线针脚。现在暂且忽略模板上的蓝色标示，这是在最后步骤中将要钉缝装饰物的位置。

7 拆除作品中心的所有粗缝（疏缝）线，但保留缝份上的粗缝（疏缝）线。在一小片纸上写字母F，用安全别针把纸固定在区块的中心上方。将这个区块暂且搁置一旁。

8 区块G使用区块F的镜像图案。将图案转印到布料上以后，用和区块F完全相同的方法制作区块G。

区块H：小雪花，制作两份

模板1，实物等大纸型参见附页

模板2

模板3

1 从绗缝白棉布（平纹细布）上裁剪一块边长20cm的正方形。再裁剪同样尺寸的两块平纹薄棉布（薄纱棉布）和一块絮料（铺棉）。轻轻地在绗缝白棉布（平纹细布）内部画一个边长15cm的正方形。然后在这个正方形内仔细地画出“点对称”的雪花图案，像之前那样，雪花的顶角与正方形的一个角对齐在一条线上。去掉图纸。

2 将其中一块正方形平纹薄棉布（薄纱棉布）以网格状粗缝（疏缝）在画好图案的绗缝白棉布（平纹细布）的背后，之后用小针脚沿区块四周在缝份上粗缝（疏缝）。用蓝色丝光绣线以回针缝缝制中心的六边形。以平针缝缝制类菱形内层，以回针缝缝制类菱形外层的星形图案。我使用了表面有光泽的浅蓝色到中蓝色的丝光段染线缝制。心形用浅蓝色线以回针缝缝制，椭圆形和水滴形用中灰色段染线以回针缝缝制。拆除已缝好区域的粗缝（疏缝）线。熨烫作品两面。

3 参考模板2进行填充和嵌线。填充中心的六边形，雪花外缘的心形、水滴形、椭圆形，即图中标示的粉色区域。这些都是非常小的图案，所以不要过度填充。对绿色标示的区域进行嵌线。用绗缝羊毛纱线双线嵌入，记得在尖角处留很小的线环，并在通道起始和结束的地方留短线尾。

4 在表布背后添加絮料（铺棉）和第二块平纹薄棉布（薄纱棉布），将几层粗缝（疏缝）在一起。

5 参考模板3进行压线。用象牙白色机缝线，围绕中心六边形和星形图案的外侧尽可能靠近初始缝线进行压线。使用银色线，围绕内部心形、外缘心形、水滴形和椭圆形进行压线。最后用银色线以回针缝缝制放射线。

6 现在，暂且忽略模板中的蓝色标示，这是在最后步骤中将要钉缝装饰物的位置。

7 拆除作品中心的所有粗缝（疏缝）线，但保留缝份上的粗缝（疏缝）线。在一小片纸上写字母H，用安全别针把纸固定在区块的中心上方。将这个此区块暂且搁置一旁。制作第二个完全相同的小雪花区块H。

小雪花区块H，装饰后的成品

区块I：小雪花，制作两份

1 按照第112页步骤1裁剪、准备布料，并以与区块H同样的方法描好图案。

2 将其中一块正方形平纹薄棉布（薄纱棉布）以网格状粗缝（疏缝）在画好图案的绗缝白棉布（平纹细布）的背后，之后用小针脚沿区块四周在缝份上粗缝（疏缝）。

3 用蓝色段染丝光绣线以平针缝缝制内层星形图案，以回针缝缝制外层星形图案。用浅蓝色线以回针缝缝制圆形，用无光泽的丝线以回针缝缝制连接圆形的双线。用中灰色段染线缝制两个"V"字形线条图案。拆除已缝好区域的粗缝（疏缝）线。熨烫作品两面。

4 填充模板2中粉色标示的圆形。对绿色标示区域进行嵌线，全都穿入双线羊毛纱线。记得在尖角处留很小的线环，并在通道起始和结束的地方留短线尾。"V"字形图案也要穿嵌。

5 在表布背后添加絮料（铺棉）和第二块平纹薄棉布（薄纱棉布），将几层粗缝（疏缝）在一起。

6 参考模板3进行压线。使用银色线对星形图案中心的四边形和连接线进行绕线绗缝。使用象牙白色线靠近外层星形的外侧和圆形之间的连接线外侧进行压线。换成银色线，围绕圆形和"V"字形的外侧进行压线。

7 现在，暂且忽略模板中的蓝色标示，这是在最后步骤中将要钉缝装饰物的位置。

8 拆除作品中心的所有粗缝（疏缝）线，但保留缝份上的粗缝（疏缝）线。在一小片纸上写字母I，用安全别针把纸固定在区块的中心上方。将这个区块暂且搁置一旁。制作第二个完全相同的小雪花区块I。

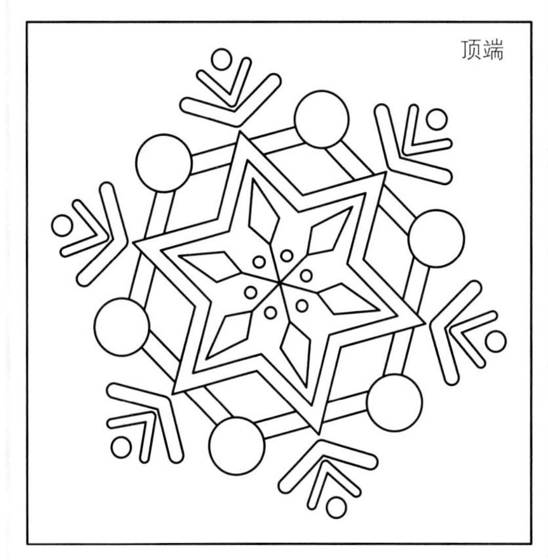

模板1，实物等大纸型参见附页

模板2

模板3

小雪花区块I，所有雪花都恰好被制作在正方形布块内

条纹板块

条纹板块是直接缝在一块絮料（铺棉）上的，可以手缝，但是我所用的技法“翻缝”（自由缝技法的变体）用机缝更理想。缝纫机针脚设置为中到大号，使用缝制牛仔的高强度的针或110号机针（译者注：国内购买时型号可选18/110号），如果机针太细，容易弯或断。

1 裁剪4块36cm×18cm的絮料（铺棉）。从小块布料a、b、c、d、e上，横穿布料幅宽方向各裁剪2条4cm宽的布条。把这些布条裁成36cm长。每次只裁剪2条，当需要时再裁。排列好这些紧挨着雄鹿区块B和C的要进行条纹组合的布条，决定拼缝的顺序。我在外侧边缘重复使用了和雄鹿区块相同的布料（e），因为我觉得这样能使作品看起来更平衡。我排列的顺序从外向内依次是：e、b、d、c、b、a（参考下图）。

2 取一块絮料（铺棉），把第一条4cm宽布条（a）正面朝上，纵向放置于絮料（铺棉）的右边缘，用珠针或粗缝（疏缝）固定好。在距离布条毛布边5mm处，用缝纫机把布条沿长边向下缝在絮料（铺棉）右边缘。

3 再次从顶端开始，将第二条布条（b）背面朝上放在第一条布条（a）上面。用珠针或粗缝（疏缝）固定好。此时它面朝你，在布条左侧将所有层缝在一起，缝份5mm。把布条b向左翻折，使布料正面朝上，打开缝份并用拇指按平，可以看到布条a两边都被缝起来了。用珠针别好布条b，使其保持平整。

4 取第三条布条（c），将其正面朝下放在第二条布条（b）上面，重复之前的步骤，向下缝制后打开。以此方法继续进行拼缝直至絮料（铺棉）被6条布条覆盖。把第六条布条的左侧边缘车缝在絮料（铺棉）上固定好。此时你看到的布条自然就很整齐，正面看起来就像已经进行了落针压线，却看不到针脚。每一次都从顶端开始，才能确保布条保持平整且絮料（铺棉）也不会扭曲变形。以同样的方法重复制作好4块絮料（铺棉），不要修剪第六条布边多出的任何絮料（铺棉）。将4块做好的条纹组合暂且搁置一旁。

5 制作第二套条纹组合，即环绕在雄鹿区块F和G两侧的条纹组合。我使用了布条d、b、a。横穿布料幅宽方向各裁剪4条4cm宽的布条。裁剪4块10cm×112cm的絮料（铺棉）。

6 从布条d开始，仔细地用珠针固定，像之前那样把它缝在絮料（铺棉）的边缘。以同样的方法固定好b和a布条。小心不能让这些比较长的布条在絮料（铺棉）上被拉伸。缝制前先将每一块都用珠针固定好。总共制作4块相同的布条组合。

7 仔细地把翻缝好的布条组合裁剪出等腰直角三角形。所有三角形应以布条d为长边，长边长度约14.5cm，它将成为统一的外侧边。每个雄鹿区块需要12个完全相同的小三角形，总共需要24个小三角形布块。剪剩下的条纹布头应该与裁剪好的区分开。

确保雄鹿区块B和C之间的拼缝线继续向下延伸，与条纹板块之间的缝线笔直、整齐地连接起来

单元1

1 根据设计布局图，第一步先要把雄鹿区块和雪花区块拼接成三个“单元”。首先制作中心的单元1（如右图所示）。在粗缝（疏缝）线外侧留1cm缝份，裁剪好四个站立的雄鹿区块B和C。这个单元应当小心制作，因为区块B和C是特殊的形状。把这些区块如图摆放，就形成了一个正方形。

2 留1cm缝份，将一个区块C和一个区块B正面相对沿梯形的一条腰线拼缝。从外侧向中心缝制，缝到缝份处为止，距离布料边缘应该是1cm。重复制作好另两个区块B和C。

3 将制作好的两部分拼缝，形成一个中心开口的正方形。先用小针脚把它们粗缝（疏缝）在一起，以确保拼接顺序正确：雄鹿图案应当互呈镜像图案环绕在正方形四周；再用中等长度的针脚沿对角线以机缝拼接在一起。

4 从背面，沿着缝份靠近缝线修剪絮料（铺棉）和平纹薄棉布（薄纱棉布）。这将减少堆积，使缝份平整。打开缝份并用拇指按平，用平针缝将缝份手缝在区块的背后，但仅缝至絮料（铺棉）上，不允许任何针脚穿透表布呈现在作品正面。以同样的方法整理好每一条缝份。

5 沿缝份把中心开口的每条边折向作品背面，在距离折线5mm处用小针脚粗缝（疏缝）所有层。

6 把中心雪花区块A放在雄鹿区块中心正方形开口的下方，角对齐在一条线上，这样雪花区块缝份上的粗缝（疏缝）线才能和开口缝份上的粗缝（疏缝）线相吻合。检查中间是否平整。用珠针或粗缝（疏缝）固定在一起，之后沿折边用看不见的小针脚以对针缝把雄鹿区块缝合在雪花区块上。从正面拆除雄鹿区块上的所有粗缝（疏缝）线。你也可以小心地围绕雪花区块的四条边，沿对针缝缝线再进行车缝，以确保所有层都缝在一起。

7 把作品翻到背面。像之前那样修剪掉缝份处多余的布料和絮料（铺棉）。留1cm缝份，修剪掉雪花区块边缘多余的布料。打开缝份并用拇指按平，使其从中心倒向外侧，并把缝份缝在背面，使其整齐平坦。

熨烫警示！

请记得不要熨烫这个作品，因为这会压平立体工艺，破坏压线的效果。

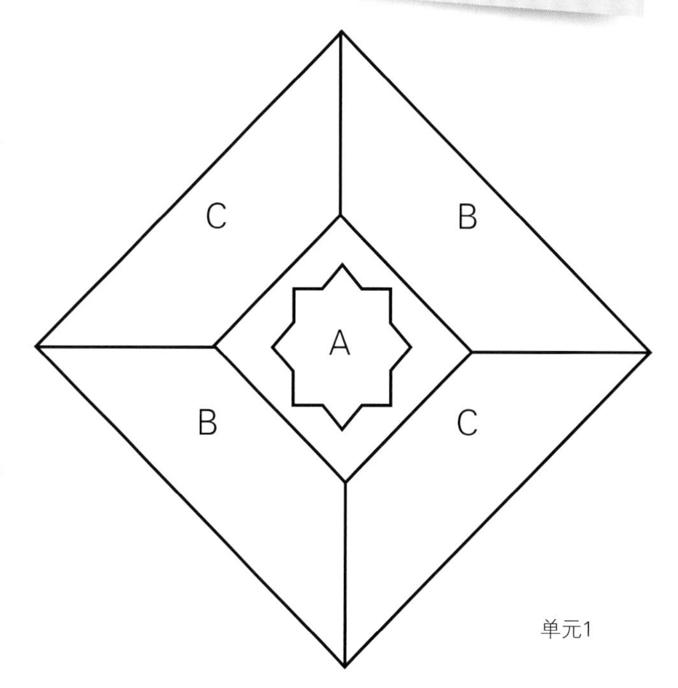

单元1

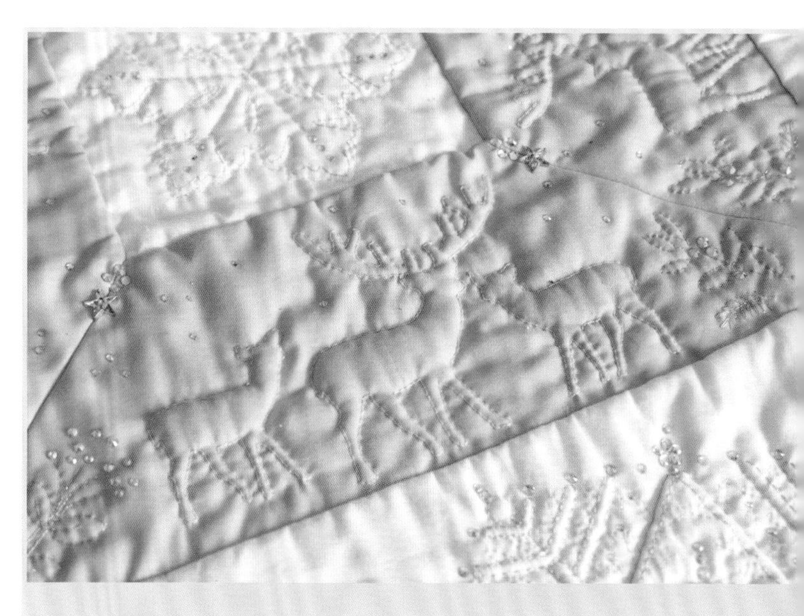

区块C：简单的雄鹿剪影与复杂的雪花设计形成对比，区块C是区块B的镜像图案

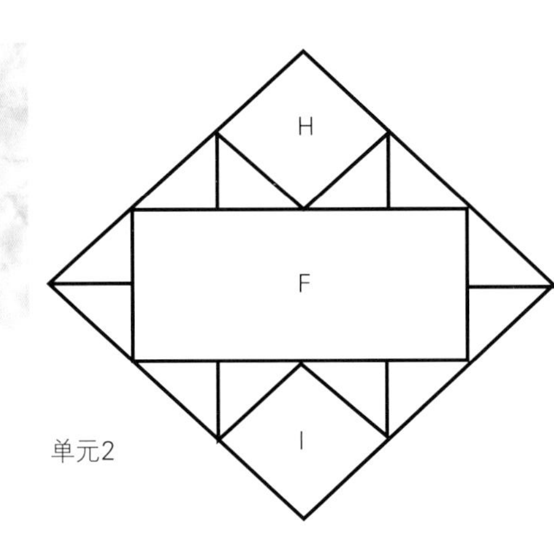

单元2

单元2

1 这个单元需要用到奔跑的雄鹿区块F，小雪花区块H和I，以及12个条纹三角形。

2 正面相对，完美地对齐条纹，从顶点到外侧边缘将两块三角形缝合起来。打开缝份并用拇指按平。重复拼缝剩下的三角形，制作出6个新三角形。

3 参见左图，排列好区块，检查拼缝顺序是否正确，包括新三角形的位置是否正确。

4 从雪花区块I开始。图案的顶端朝上，在上面放一个三角形布块，正面相对，右边缘对齐。先粗缝（疏缝），然后留1cm缝份沿顶端右侧边缘机缝在一起。打开缝份并用拇指按平。修剪掉雪花区块上多余的絮料（铺棉），并把缝份缝在背面，使其平整。

5 把第二个三角形布块缝在雪花区块顶端相邻的左侧边缘。打开缝份并用拇指按平，整理好缝份。把三角形的边缝到雄鹿区块F的底部，缝份对齐。

6 以同样的方法拼缝雪花区块H和三角形布块，这次要在雪花区块底端缝合，然后将其缝在雄鹿区块F的顶端。用珠针固定，将两块剩下的三角形布块分别缝在雄鹿区块F的两侧边缘，如此组合成为一个正方形。

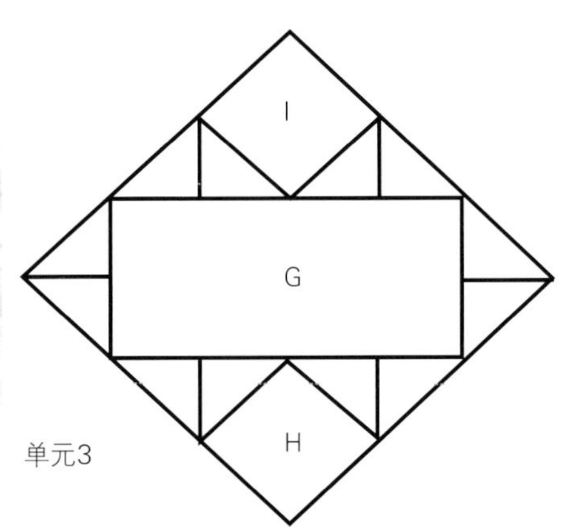

单元3

单元3

这个单元需要用到雄鹿区块G，小雪花区块H和I，以及12个条纹三角形。按照单元3排列区块。用和单元2相同的方法拼缝组合，要注意雪花区块的位置。

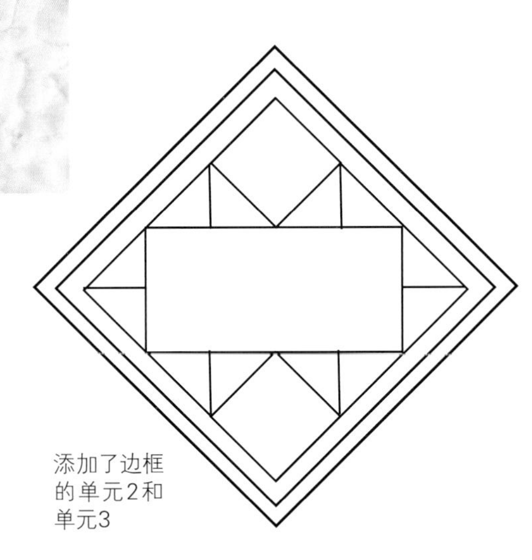
添加了边框的单元2和单元3

单元2和单元3的边框

1 单元2和单元3都需要添加环绕它们的正方形边框。裁剪8条7cm×53cm的絮料（铺棉）。用布料b裁剪8条4cm×53cm的长方形。用布料c裁剪8条4cm×53cm的长方形。

2 使用第114页描述的针法和翻缝技法，留5mm缝份将布条b、布条c缝到每一条絮料（铺棉）上。先缝布条b，再缝布条c，布条c为单元的外边缘。

3 测量单元2的每条边，用珠针标记好中点。将边框布对折，找到长度的中点，用珠针标记。将1条边框布与单元2正面相对，边缘对齐，中点对齐，用珠针固定或粗缝（疏缝）一条边，边框两端剩余的布条长度应当相等。

4 留5mm缝份缝合固定，在正方形每一端开始和结束时都留出2.5cm长边框布。四条边都如此制作。注意要衔接好每个拐角（参见第118页）。以同样的方法制作好单元3的边框。

组合

1 如下图排列三个单元，以正确的顺序摆放大雪花区块D和E，条纹板块也摆放好。开始制作，先用珠针固定，粗缝（疏缝），然后留1cm将条纹板块分别缝到两个雪花区块D上。检查它们缝合得是否正确，条纹板块都是以布条e作为长边。用拇指按压缝份，使其倒向条纹板块外侧，像之前那样整理好缝份。

2 以同样的方法把条纹板块和两个雪花区块E拼缝起来。用拇指按压缝份，使其倒向条纹板块外侧，像之前那样整理好缝份。

3 用珠针固定，粗缝（疏缝），然后把两个已和条纹板块拼好的区块E如下图所示与单元1缝合在一起，在条纹板块距离单元1末端5cm处停止。

4 把各单元缝合在一起是组合的最后部分——要格外注意排好这些单元使它们对齐。先把单元2、单元3分别与区块D拼合起来。用珠针固定，粗缝（疏缝），然后从区块E开始把单元1和单元2缝合在一起，在条纹板块距离单元1末端5cm处停止。以同样的方法把单元3和单元1缝在一起。条纹板块将互相重叠等待衔接。

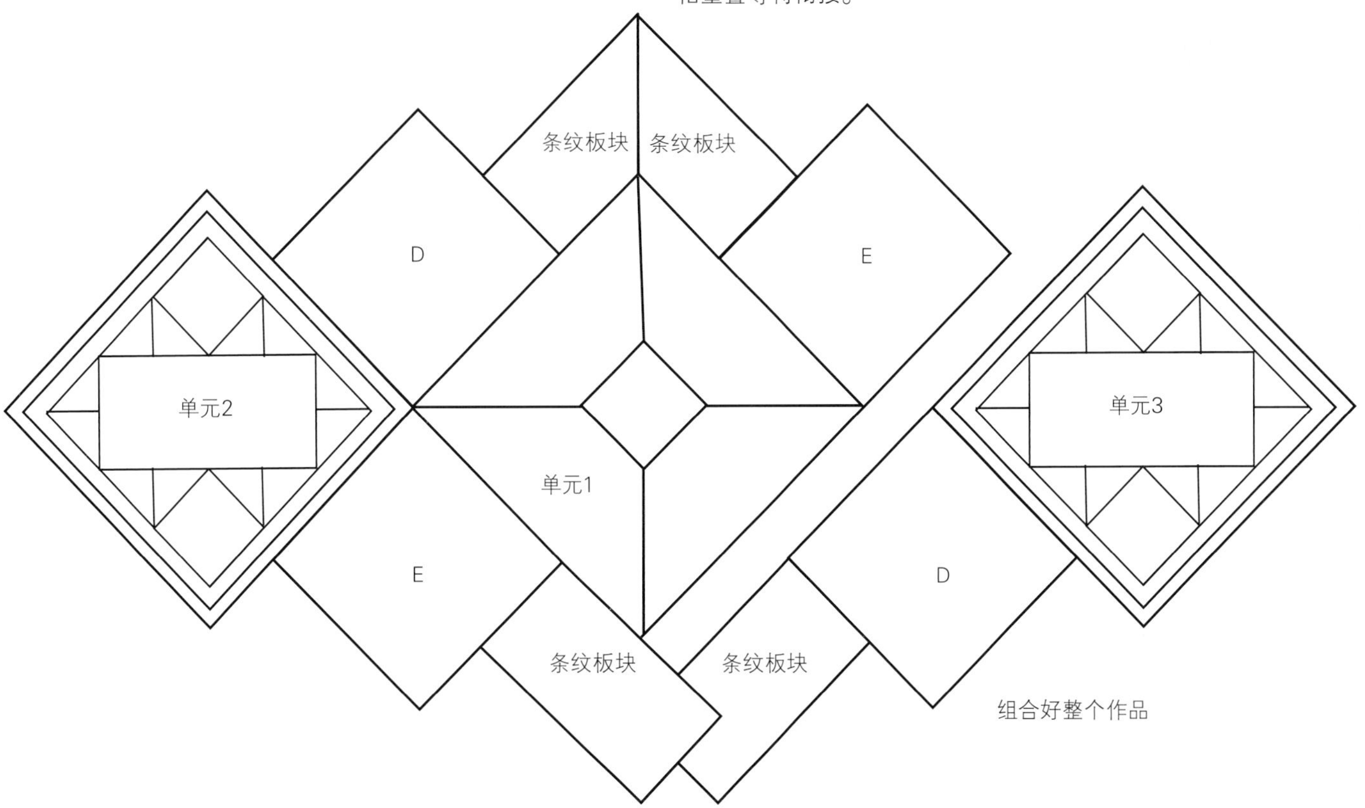

组合好整个作品

大雪花区块D：这个区块虽然看起来复杂，但制作简单

条纹板块的衔接

1 从单元1底部两块互相重叠的条纹板块开始。沿5cm缝线处将条纹板块用珠针固定在单元1上，如果它将要被缝合，使用之前拼缝各单元时相同的缝份宽度。把右边的条纹板块置于上层。

2 将右边的条纹板块末端向下折，一直折到条纹完美地对齐单元1尖角，并在条纹板块之间沿着接缝处制作出一系列“V”字形为止。

3 在这条折线右边5mm处，用珠针穿透所有层固定好。

4 使用彩色线，从正面用1cm长的针脚以对针缝沿折线穿透布层粗缝（疏缝）至作品的背面。在制作过程中要保证条纹布料对齐，这样就会呈现出完美的衔接效果。

5 去掉缝份处的珠针，可以让你更容易完成拐角的制作。此时能看到对针缝已经制作出衔接缝合的完美粗缝（疏缝）线。在作品背面，从角外侧向中心缝制，到缝份处停止。剪掉多余的条纹布，留1cm缝份。

6 最后再沿缝线向每个角缝制，把单元1和条纹板块缝合好。打开缝份并用拇指按平，把缝份缝在背面，使其保持平整。

7 以同样的方法完成另一处的衔接。把整个桌旗其余的缝份都缝在作品背面，使其保持平整。

8 如果你要在桌旗上手缝一些珠子作为装饰，在这个步骤，即添加背布之前就要把它们缝好。

选择和你的圣诞装饰颜色搭配的布料制作。每一年我都要为我的节日装饰选择一种新的颜色主题。这个桌旗非常漂亮，我选用了蓝色、银色和白色主题

添加桌旗的背布

1 背面相对，把桌旗放在背布上。沿桌旗外边缘，距离缝份5mm处用珠针或粗缝（疏缝）将所有层固定在一起。修剪掉多余的背布，使背布各边仅稍微超出桌旗各边即可。

2 环绕中心区块A和雄鹿区块F、G穿透所有层进行落针压线，这将足够把背布固定在表布上。

3 使用小针脚的平针缝，围绕作品周边缝制，沿着大雪花区块和条纹板块外边缘的缝份来缝。在距离平针缝针脚5mm处修剪掉所有的边，准备包边。在裁剪多余布料时，可以使用5mm宽的美纹胶带为基准来裁出更准确的线条。

大雪花区块E

包边与完成

1 横穿包边条布料的幅宽方向裁剪6条4.5cm宽的布条。包边条可以斜接或直接，选择哪一种都可以。有20条边需要包边。包边条要裁剪得比每条边需要的长度更长些，在小空间里，裁掉多余的布料比试图拼接布料更容易。

2 从单元2的其中一条长边开始，把第一条包边条裁剪得和这条边长度相同。正面相对，与桌旗的边缘对齐，用珠针固定好包边条的毛布边。沿缝份在距离边缘5mm处，用中等长度针脚机缝穿透所有层缝制。

3 把包边条折到作品背面，将其放平并覆盖住毛边。将多出的包边条再次向下折叠至折边之前的缝线处。粗缝（疏缝）固定。用卷边缝或小针脚的对针缝将这条折边缝在桌旗的背面。

4 把另一条包边条缝在单元2的下一条长边上，但是这次在拐角处多留出1cm。将尾端多出的布料折至作品背面，暂且停止，用珠针或缝纫固定。将包边条折到作品背面，将多出的包边条再向下折，粗缝（疏缝），然后像之前那样手缝。不要忘记用小而整齐的针脚把每个拐角的尾端缝好。以同样的方法继续围绕桌旗的每一条边制作包边。你可能必须做出一些调整来保证包边条在拐角处能够对齐。如果你希望拐角看起来像是斜接起来的，那么在把包边条多出的布料向下折时，在布尾端处再折一次形成一个直角并把它缝在包边条下方。你可能必须修剪掉一些多余的布料来制作出一个整齐的拐角。这样操作有些烦琐，但是值得付出努力。

5 从作品上拆除所有可见的粗缝（疏缝）线，检查每一个区域。当所有的边都包边完毕，桌旗就做好了。但是如果你想要装饰雄鹿和雪花区块，现在就可以进行了。

6 返回参考模板3依次制作每个区块，每次添加同一种尺寸或类型的水晶。先把水晶放在一块毛毡布上防止它掉落在地上。如果你使用烫钻器或冷粘贴花胶，请遵照厂商说明。一旦水晶被固定就不能轻易去掉。在移动作品前静置一夜待其凝固。

安全小贴士

使用烫钻器时请格外小心，并远离儿童；冷粘贴花胶也须放置在儿童够不到的地方。

保存小贴士

不用时，可以将桌旗卷在大卷筒轴上进行保存。把桌旗放在一块絮料（铺棉）上，正面朝外，把它卷在卷筒轴上。制作一个棉布袋，将它放入其中，这样可以安全地收纳起来并保持干净，以待来年使用。

设计拓展

随着实践的增多，你将会了解到哪些形状和样式适合使用哪些不同的技法。如果没有把握，可以在使用昂贵的布料制作前先对图案进行练习；有时在纸上练习看起来似乎是个好主意，但可能行不通，而且在缝制过程中也必定有些变化，一定要做好准备去适应这些变化。

向灵感敞开大门

我的灵感来源多种多样，其中很多来自于观察所得——喜爱的事物、喜爱的地方，以及我周围的世界。有时它来自于大自然；有时来自于听到的一段音乐、看的一部电影、参观的展览或博物馆；有时是杂志里的一张图片、一张问候贺卡或照片、一栋建筑、一个铁艺工艺品、讲电话时的涂鸦、一个漂亮的瓷器；我甚至还发现了一些印在厨房纸巾上的有趣的图案。我随时准备记录信息，以备不时之需。请记得，你不能期望找到一个完全成形的设计图案。从不同的地方选择你喜欢的元素，创作出你自己独特而精彩的设计。

手边常备笔记本

我经常随身携带一个小笔记本，如果看到一个图案或者发现了什么有趣的东西，或者读到、听到一段引述，我就会以速写的方式记录下来并书写一些想法，以便我在几天、几个月甚至几年后翻看时，可以利用或改编成适合我的作品的图案。通常当我在转化实现这些图案时，它还会触发我产生更多的想法或做出改变，这个过程根本停不下来！最初的想法在开始成形的过程，它可能经历了几张草图、涂鸦或者笔记，然后我会尽可能准确地把它策划出来并按比例放大到成品尺寸。必要之处需要修改，可能是增加或去掉一些元素，从而制作出一个比例恰当的设计图。我建议你用同样的过程来完成你自己的设计。

成套制作

如果你发现或者创作了一个你特别喜欢的图案，为什么不用它来制作各种各样配套的物件呢？我用月光花针包图案（参见第44~49页）制作了右图所示的一套玫瑰色系双宫丝作品。这块布料购买时是一套主题布组，包括6块边长25cm的正方形双宫丝，用来制作这套作品是非常合算的。

我选择把一个边长18cm的浅粉色婚戒戒枕加入这个套系，为了增加趣味，我还稍稍修改了设计，添加了一个环绕着月光花图案的圆。针包使用了之前的线在背面压线，针插制作成相同的尺寸。剪刀套设计半个月光花图案，并沿对角线放置在布料上。在最后阶段，所有作品都用银线压线并用热烫水晶装饰。更换布料的种类或颜色将会改变作品的外观。

使用镂空模板

很多拼布人使用镂空图案模板。它们或者是边框花样或者是单独的图案，有各种不同的尺寸。以我的经验，一旦使用，它们通常仅仅保持其原始的预期用途，但是我想鼓励你赋予它们另一种生命。用铅笔把模板图案描画到纸上，看看是否有什么图案可以适用于立体工艺，即可用于嵌线或者适合填充。你认为可以嵌线的图案请用双线画出，适合填充的区域也画出来，在原始图案上进行添加，如果你认为不合适的部分也可以去掉。下一步是决定哪些可以使用，并将新图案描到一张单独的纸上。如果图案需要放大或者缩小，现在正是时候。画出设计的最终尺寸，并且标示出应该填充或者进行平行嵌线的区域。

如想扩大镂空图案模板的用途，为什么不把两个或更多个结合起来使用呢？再次画出图案并寻找可以嵌线和填充的区域，然后继续重新绘制新的图样和尺寸。右图所示抱枕图样就是用两个不同的原本用于绗缝边框的镂空模板制作而成的。其中一个模板是一行简单的方块线条以菱形相接排列，每个菱形内有一个四片花瓣的花朵图案。每个菱形外侧都有第二行线条，原本为环绕压线的标示线。另一个模板是三条平行的波浪线加上一个回环设计形成转角，这个模板用起来也多少有些挑战性。我首先画出平行波浪线的形状，但去掉了其中一条波浪线，它们连接起来形成外框，不过我把转角处的回环设计修改成鸢尾花图案。之后我通过镜像制作菱形图案形成网格来填充中央的空间。环绕压线使我产生了一个想法，即每隔一个花朵图案设计一个同心正方形，如此配合非常完美。为了给网格图案带来更多变化，每个花朵图案都是进行填充的。幸运的是，这个新图案并不需要重新调整尺寸，而且形成了一个令人非常满意的设计，也直接促成了水桶包作品（参见第50页）的诞生。

这里你可以看到两个结合运用的镂空模板，还有已经完成的抱枕：精致花园，46cm×46cm

改编镂空模板上的图案

当有了些基本元素后，就不必担心从镂空模板上改编图案。你不妨进一步思考怎样通过缝制来细分图案，以及在哪儿添加装饰配件来使作品呈现出不同的感觉。右图所示三个成品，都是用同一个镂空模板变化而来的。左边那个边长13cm的正方形绗缝白棉布小样，可以做成一个针包、针插，也可以装裱起来挂在墙上。中间那个边长23cm的杏色双宫丝作品，我将其命名为鸢尾花，适合作为一个婚戒戒枕。它使用杏色线缝制和压线，然后用珠子和椭圆形珍珠进行装饰。被命名为野玫瑰的边长23cm的正方形淡紫色双宫丝婚戒戒枕是第三个设计。它用淡紫色线缝制，用银色线压线，再装饰以不同形状的水晶珠、镶着宝石的卡片制作者所用的两脚钉。

使用情绪板

创建一个情绪板是很有用的，特别是当你头脑中有一个主题的时候，或者你对于制作自己的设计有些紧张时。我使用了“情绪板”这个比较宽泛的术语，意思是没有什么限制，你完全可以创建一种适合你的方式。也许你发现使用一个小布告板会很有帮助，上面固定着各种各样的图片、草图、记录下的想法和有用的网站。你可以在上面添加颜色、布料和线色板，当你找到它们的时候。当然，你的情绪板可以是一个小盒子，里面放有你搜集的各种各样的和某一个独特想法相关的物品。它也可以是一个随笔集或者带有塑料口袋的文件夹，里面能存放物品。几乎没有什么要遵守的规则，情绪板最重要的功能就是积聚你表达自己想法所需要的所有视觉刺激。

来源于古董瓷器的灵感：随笔集

我总是对古董瓷器很感兴趣，多年来一直在收藏那些吸引我的作品。这些都是设计思路的好来源。灵感必须来源于某一个地方，可以是一个物件、一张照片或者个橱柜等。

当我收集到这样的灵感时，我会拍下来或绘制出从茶杯、茶碟上提取的图案和形状的细节，然后开始画出我想要的图案。在右图情绪板的左下角，你可以看到一个开始形成的用于制作抱枕的最初想法。有时我从物品的完成尺寸开始设计，有时我会先画出很多图样，然后放大来看它们的实际尺寸怎么样。我通常会复制好几份，并重新描图直到我满意为止。然后我会制作一张原始的成品图复印件，里面包括所有计划实施的立体技法，也许还有基础缝制和压线的颜色。有时会出现不止一个设计，所以随后一系列图样就被开发出来了。

直到试样组合完成，缝制和压线的想法也可能需要随时调整。写在纸上的东西不一定总是奏效的，结果可能需要进一步的改进。请灵活运用那些浮现的灵感：一个设计，可能开始时只是一个抱枕，而最终却变成了一床绗缝被。

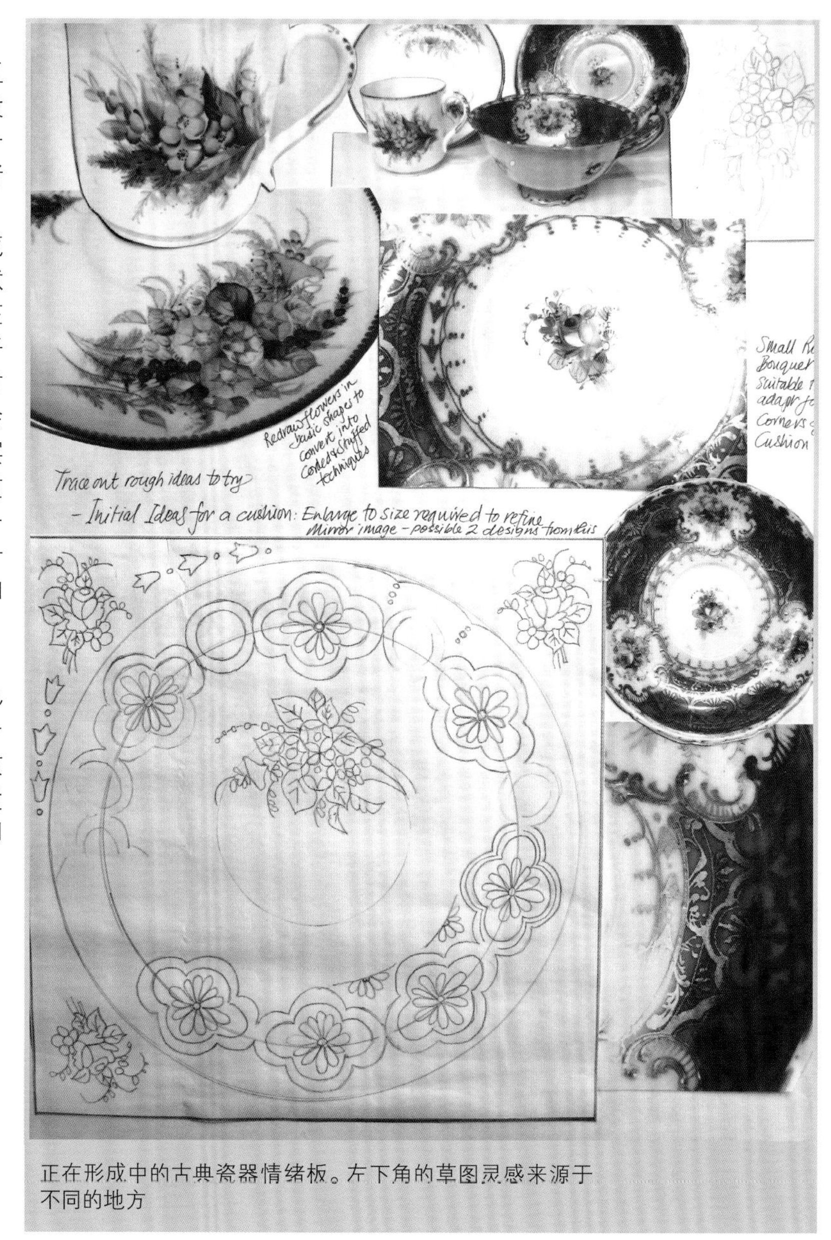

正在形成中的古典瓷器情绪板。左下角的草图灵感来源于不同的地方

来源于埃及建筑的灵感：速写本

我发现古埃及文物是我很多作品创意的开端。参观博物馆是很棒的灵感来源。几年前，我偶然发现了一个木乃伊猫的工艺品，它的表面有着有趣的交织图案，我当即画了一幅速写来提醒自己它的存在，还想到了可能的与立体绗缝技法有关的用途。几年之后，在凯尔特莲花壁饰（参见第70~75页）的边框上出现了这个我自己风格的版本。我还收到了一些有趣的建筑细节的照片，这是一个曾到埃及度假的学生送给我的，我把这些照片、一些素描，以及配色风格和埃及主题相关的布料收集在一起。用蓝丝绸制作的尼罗河莲花长枕（右下图）就汲取了这里面好几种纹样的特征，包括在照片上发现的和在昂贵奢华的布料上发现的。此外，我认为将折叠拼布技法用于制作长枕两端是非常理想的，因为它会让我想起木乃伊。尼罗河宝藏抱枕是另一个设计，它的图案源自一张照片中圆柱的顶端。

尼罗河宝藏抱枕

◀ 51cm×46cm

这个抱枕是由反映埃及建筑文物的照片发展而来的。它用的是淡黄色绗缝棉布（平纹细布），然后用彩色线以平针缝和回针缝缝制，用淡黄色的线进行压线。在制作这个图案时将其分成两半，可以做成茶壶套甚至是一个丝绸手袋。

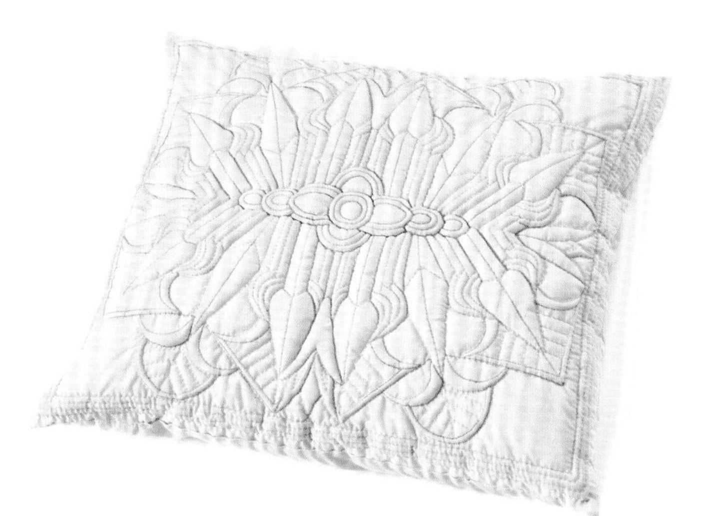

尼罗河莲花长枕

▶ 48cm长，侧面圆周长73cm

这是另一个由照片发展而来的设计。用深绿色双宫丝制作，用深绿色线缝制，用深绿色线和金线压线。合口处以对针缝缝制。两端表面各有一条滚边（嵌条）以突出长枕的形状，还设计了使用两种色调丝绸制作的折叠星图案，这是从木乃伊猫身上的包裹物得到的灵感。

灵感激发

接下来的页面展示的作品源自我的设计，是由我和我的一些学生使用立体绗缝技法制作的。

有很多传统的英格兰北部和威尔士的整幅压线图案可以使用，但是我想选择一个不那么知名的图案用在我的样品中，因此我选择了佩斯利图案。这个小样用奶油色平纹棉布制作，因为我手边刚好有一块，直到我在背面添加絮料（铺棉）并且决定沿图案轮廓压线包括打结绗缝时，我才意识到把意大利式绗缝、凸纹提花绗缝、法式白玉绗缝综合运用是完全可能的。

交响曲2000

▶ 165cm×160cm，希尔维亚·克莉切特制作

这个绗缝被是从右上角展示的小样演变而来的，它也开启了我开发传统技法的旅程。正是从此开始，我为这些仅仅使用单一颜色的布和一根针、线而创作出的不同纹理和层次错觉的作品而着迷，这是改变用整幅布绗缝的一个现代化转折。

绗缝被的中央部分使用一块标准幅宽的布料制作，即幅宽112cm，长度为1m。边框使用4块布，拐角处斜接，利用角落处的图案掩藏拼接线，给人以这个绗缝被由一整块布料制作而成的印象。在创作这个设计的过程中，我突然想到使用美纹胶带作为缝制通道的参照线，因为我想体现法式白玉绗缝但是却不想通道过于细窄。截止到现在，这个作品制作时间已经超过400小时。只剩最后一步，即加上46cm宽的边框。

这两个经过放大和改编的佩斯利图案被运用在了中央区域，并镜像使用在边框上

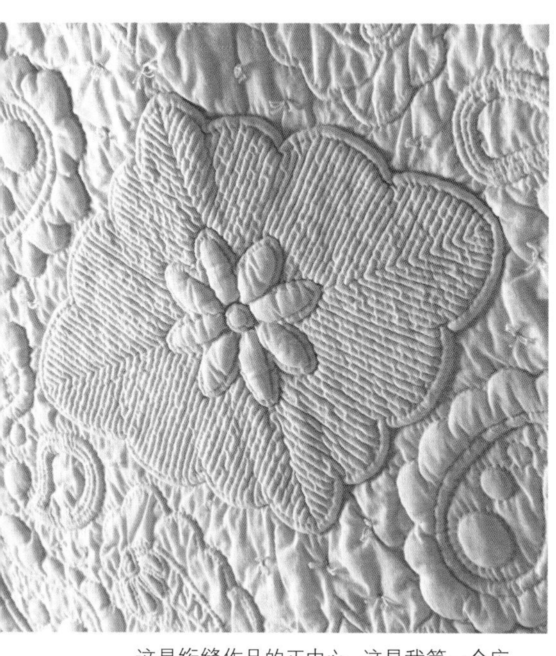

这是绗缝作品的正中心。这是我第一个应用镜像创意的作品——人字形通道使改变方向成为可能。在最后压线阶段，环绕中心花朵压线和仅仅沿通道外侧压线，使人产生了图案被附加在作品表面的错觉

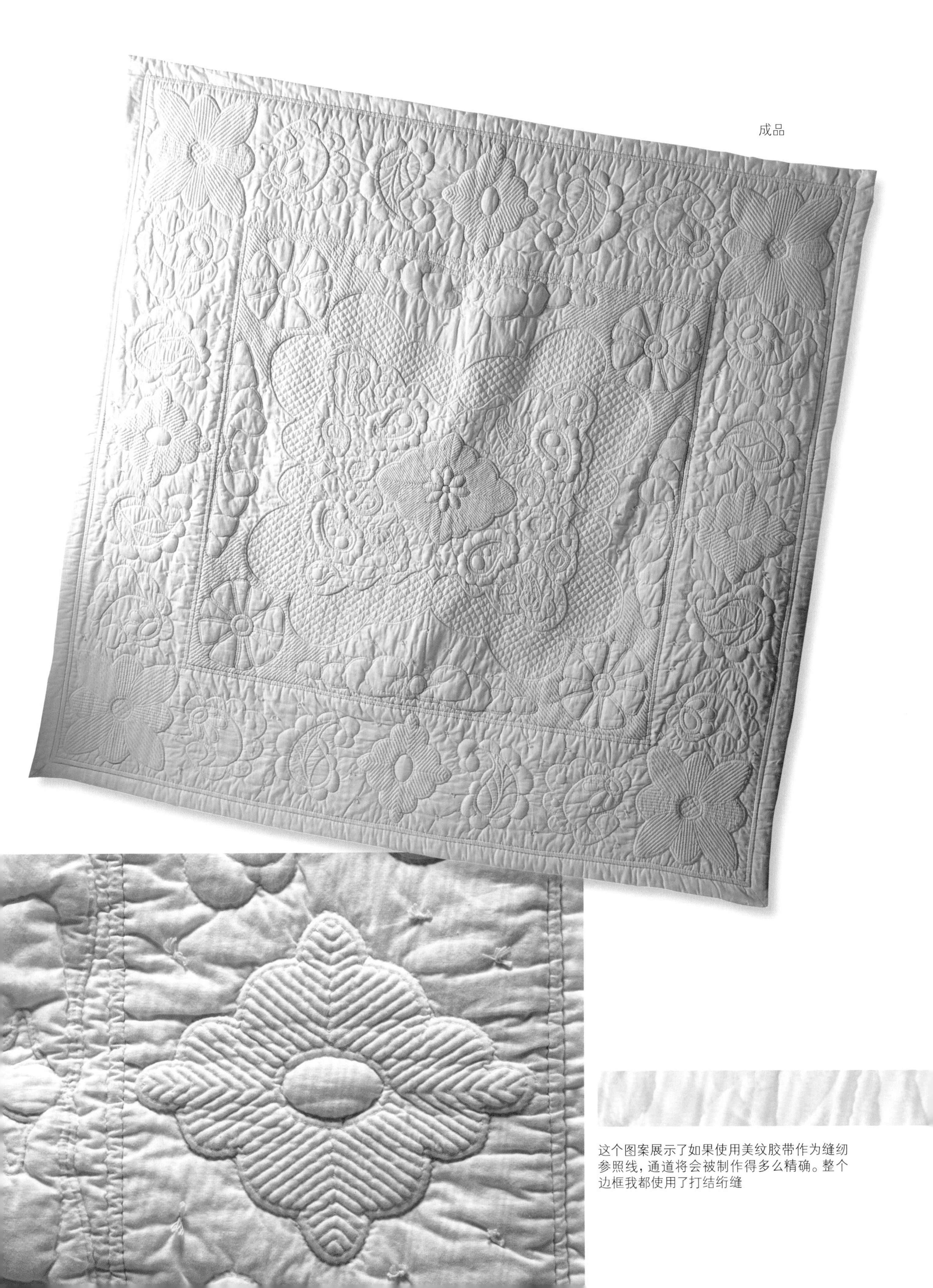

成品

这个图案展示了如果使用美纹胶带作为缝纫参照线，通道将会被制作得多么精确。整个边框我都使用了打结绗缝

芳草旋律——甜蜜的薰衣草

▶ 135cm×242cm，克莉丝汀·帕克制作

克莉丝汀运用我的“芳草旋律”图纸为她失明的妹妹制作了这个引人注目的绗缝被。作品中高浮雕和可触摸到的表面能够让她妹妹通过触摸“看”到图案。她妹妹极喜爱薰衣草花朵，因此克莉丝汀选择了这个颜色的布料来制作。组成绗缝被的每一个小正方形区块边长大约43cm。它是用手工缝制、压线，用机缝拼接的。

最终只需要用包边条简单包边来完成这个作品

这里，边长15.25cm的正方形绗缝白棉布（平纹细布）中心展示了为使用嵌线和填充工艺而做出的两种不同设计。它们交替出现，四周用漂亮的薰衣草系列印花棉布环绕。中心用平针缝、回针缝和飞鸟绣针法缝制。作品最终以落针压线和环绕压线完成

西班牙玫瑰

▶ 183cm×183cm，芭芭拉·考克斯制作

当我第一次以导师身份来到西班牙的巴伦西亚参加西班牙人的体验课时，我被问到是否可以为一组拼布爱好者设计一个作品，他们之前参加过我的一日课程并且非常喜欢。一个九区块的自由缝绗缝作品是比较理想的选择，因为每个人可以在为时一周的课程中完成一个区块，最后他们可以把所有区块集合起来，从而深入了解完成后的作品。这个设计的灵感来源于维多利亚时期的一个大水罐和大口水壶，我曾经一直希望有一天能把它们运用到设计中，这样就引出了这个玫瑰绗缝被作品。我使用彩色棉线和涤纶线以平针缝和回针缝缝制主图，之后用白色棉线压线，以搭配白色的绗缝棉布（平纹细布）。芭芭拉负责在一周内制作两个区块，之后与我保持联系来完成这个作品。最后她还添加了25cm宽的边框。

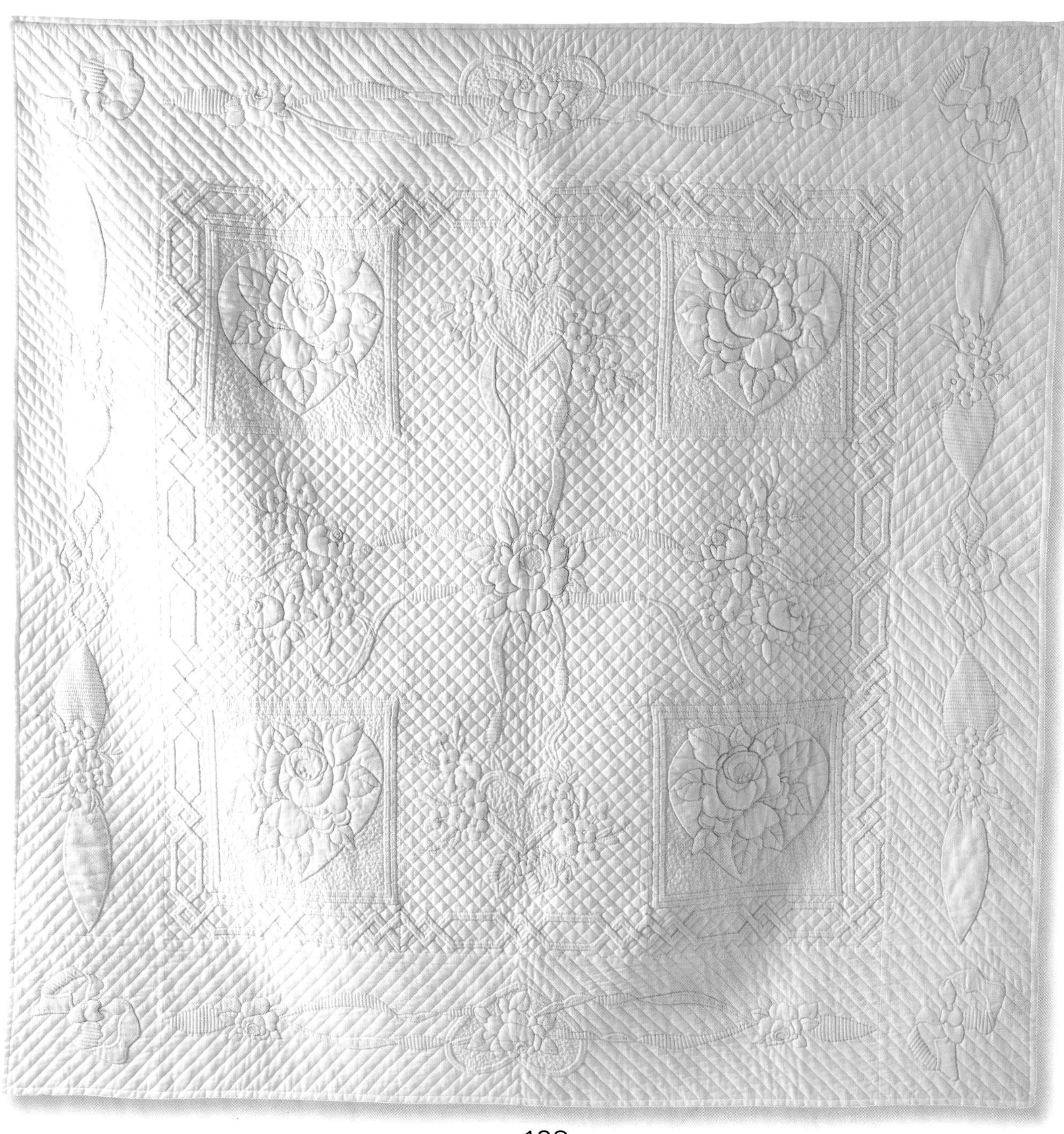

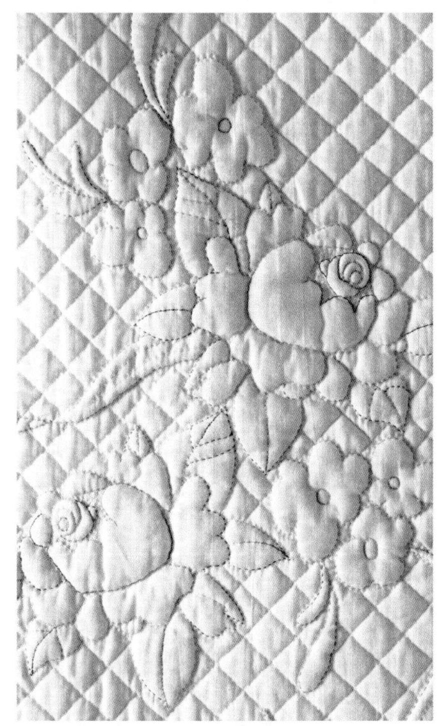

这是中心区块两侧都有的双玫瑰区块之一。间距2cm的十字交叉斜向压线覆盖了作品的中心，与边框的斜向压线形成呼应

中心玫瑰的叶子首先缝制出轮廓，然后填充，最后将叶脉缝在表布上，这样可以使叶子更逼真。玫瑰正中心用小针脚的单线点刻绗缝填充

以大针脚的双线点刻绗缝环绕着处于四个对角位置的心形图案。玫瑰花瓣被垫入不同厚度的絮料（铺棉），增强了花朵的立体效果

玫瑰与蝴蝶

▸ 2m×2m，吉恩·维泽里克制作

吉恩以我的抱枕图样“一路花开”作为这个绗缝白棉布（平纹细布）作品的出发点和中心装饰，然后我们一起改编并创作出了这个给人以夏天感觉的漂亮设计。链锁图案源于初始图纸，在整个作品中重复使用以提供附加框架，同时用于外边缘的边框上。中央部分有一条非常窄而精巧的素粉色边条，最外侧也使用了素粉色边条。最后压线全部使用奶油色线。

在作品中部，两重链锁框架之间的区域，可以看到一颗颗仿佛“系在”背景上的小珠子。珠子也被用在以回针缝缝制的小花朵花芯和叶子上。所有小花朵都用珠子装饰

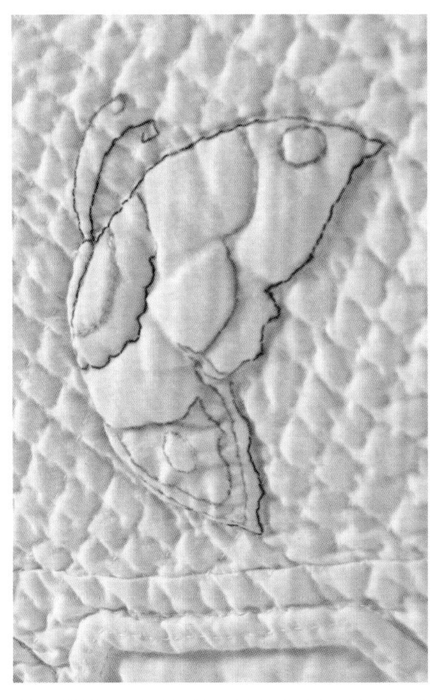

所有蝴蝶都用回针缝和裂线绣针法缝制，轮廓更加清晰

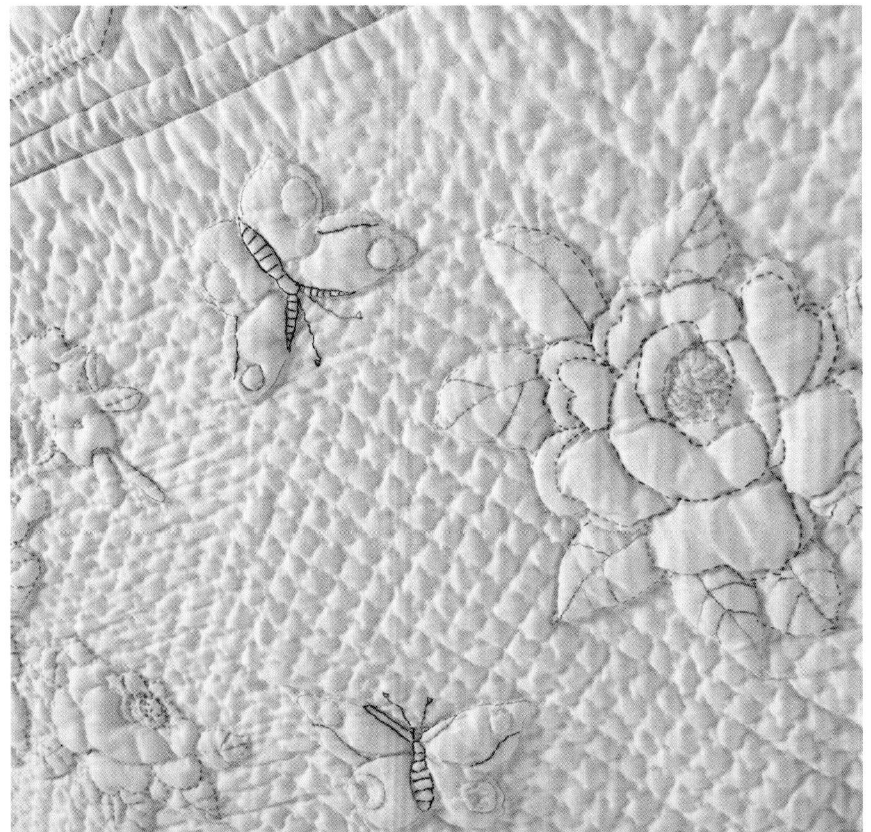

外部的宽边框上用间距1cm的十字交叉图案进行最后压线，与高浮雕图案形成对比

中央图案用彩色线以平针缝缝制，玫瑰花芯用种子绣针法缝制。我的另一个图样“丝带玫瑰”也被运用到边框中。我们还添加了蝴蝶，使整个设计更轻快，并创造出了动态感

绿色狂想曲

▶ 216cm×216cm，森·阿尔皮诺制作

森使用我的边长41cm的正方形抱枕图样“莫尔文荣光”来制作这床绗缝被。这是她的第一个绗缝被作品，使用泛金的绿色闪光绸搭配少量金色丝绸制作。当莫尔文区块都被拼接在一起时，我的“莫尔文春天”设计就出现了。中央区域的角落，森使用了我的“象牙白色的回响”图样制作。一条平纹金色丝绸窄边条将绗缝被的主体与外框分开。这里使用半“回波”图样制作出有趣的外框，与中心相互呼应。最外侧使用6cm宽的金色丝绸边框并折向作品背面，这样不用另行包边，还在背面留下了相同尺寸的边框。压线突出了间距1cm的十字交叉斜线，并用绿色和金色包扣作为装饰。这件作品是用手工缝制和压线，用机缝拼接的。这件看起来富贵华丽的作品背布也同样是金色丝绸。

成品

这是中央区域细窄的金边。金色包扣被运用在外侧边框上

“莫尔文荣光”区块

将区块不加框格地组合在一起，“莫尔文春天”设计就出现了。区块相接之处添加的包扣效仿了“莫尔文荣光”区块的中心图案

难得糊涂

▶ 140cm×140cm，克莉丝汀·帕克制作

这是克莉丝汀和我一起制作的第一床绗缝被。我开设了一个短期课程，教授怎样利用镂空模板创作立体白玉作品。我们将两个不同的镂空模板结合运用，制作出了这个暗粉色棉布的九区块绗缝被。这个作品不需要边框，因为交替出现的方块图案无形中造就了视觉上的边框。克莉丝汀说，她也不知道是什么促使她加入这个课程的，所以这个绗缝被就被如此简单粗暴地命名了。它是用手工缝制和拼接的，上面还装饰了珍珠。

成品

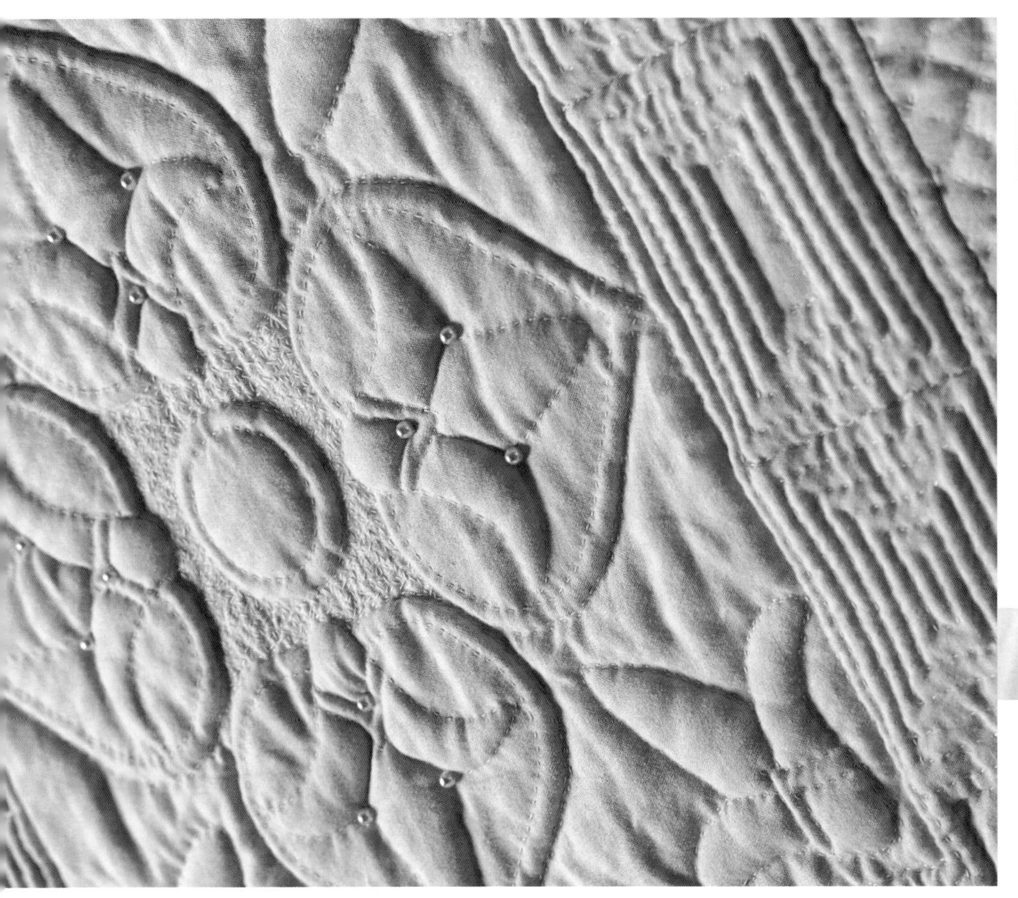

使用颜色相配的粉色珍珠装饰区块。单线种子绣针脚压平了花芯，从作品整体来看，使人产生了这个地方比其他地方低一层的错觉

这个角度展示了立体绗缝工艺是如何对布料表面进行“雕塑”的。最后的压线为成品增加了阴影效果

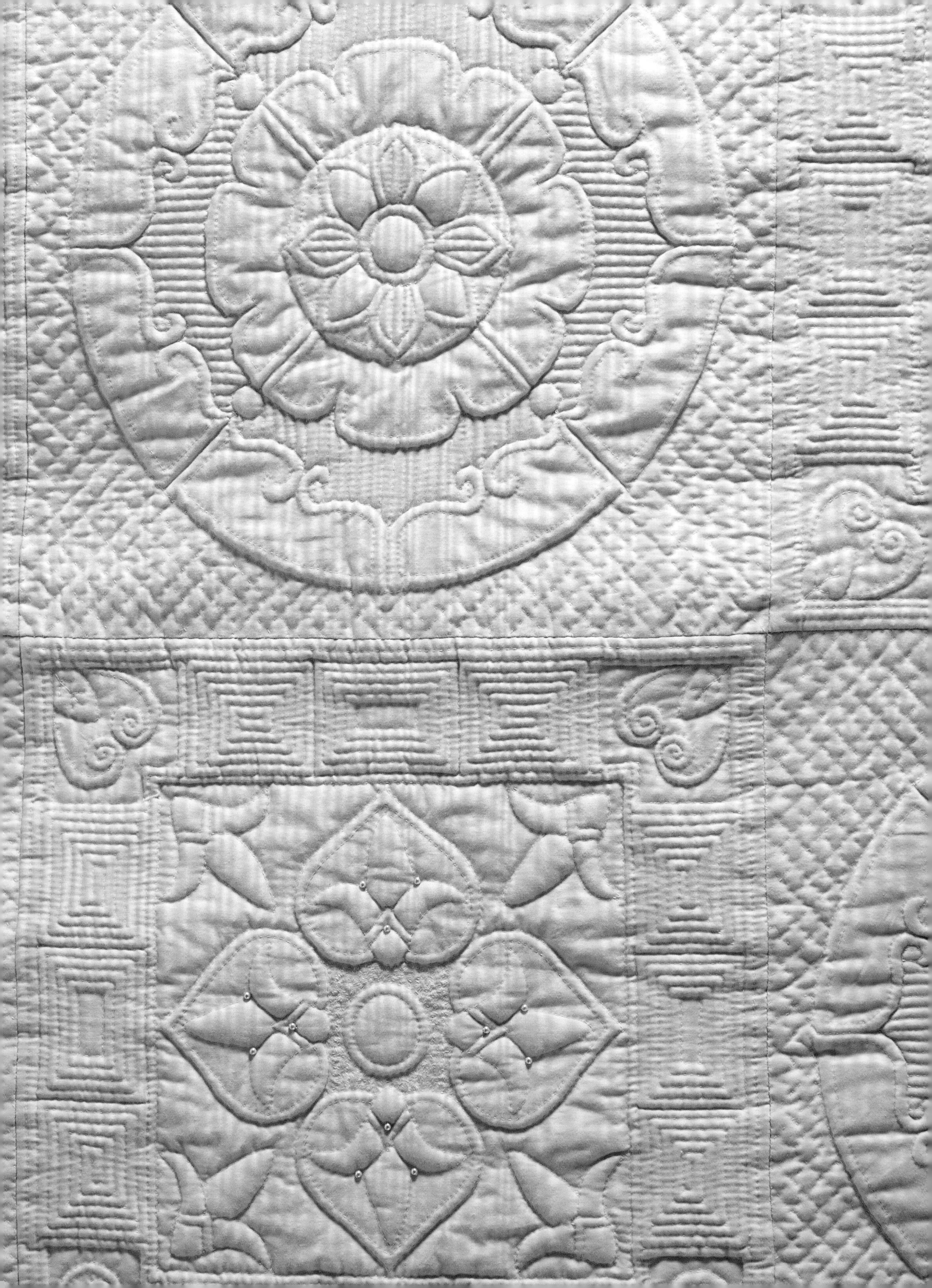

卡罗尔的绗缝被

▶ 244cm×360cm，苏·欧文制作

苏也参加了我的镂空模板绗缝课程，这是她和我一起制作的第一床绗缝被。她本来决定只使用一个我提供的镂空模板上的图案，但是我建议她将四个图案轮流运用在作品上。这个作品总共由28个边长45cm的正方形区块组成；另外，四周再加上36cm宽的边框。边框的设计是从主区块图案中截选出来的，每个图案连接起来形成一种流动的设计感，和绗缝被主体相辅相成。这是一个带弧角的华丽的king-size（译者注：这是国外的一种床品规格，大号双人床尺寸，具体参数各个国家略有不同，203cm×193cm供参考）绗缝被。它是以机缝拼接，用自由缝方法以手工缝制和压线完成的。

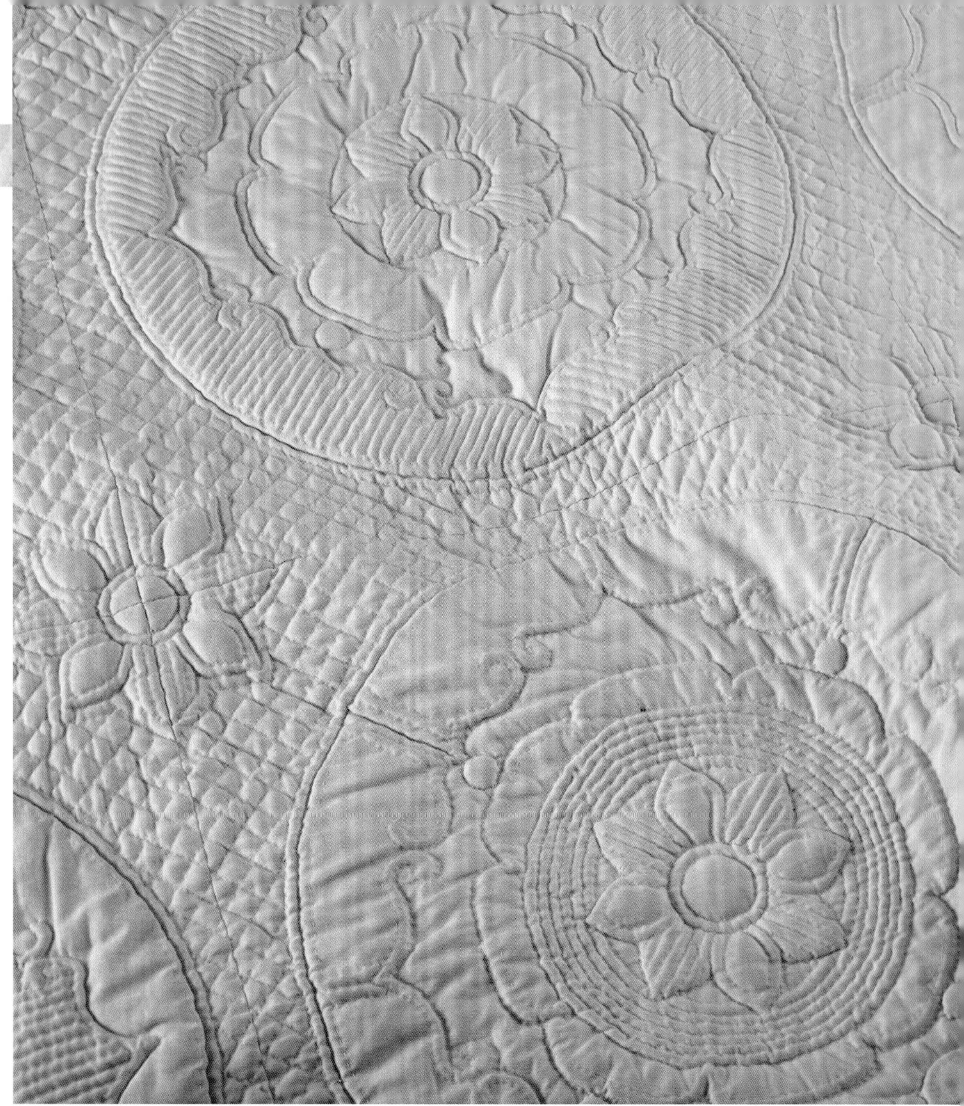

两个从主区块图案中截选出来的图案在边框中交替出现，连接部分以间距4cm平行压线而成的菱形图案填充。边框背景中的斜向压线间距则是2.5cm。变化一下十字交叉压线的比例可以呈现更加有趣的视觉效果。绗缝被最终以2.5cm宽包边完成

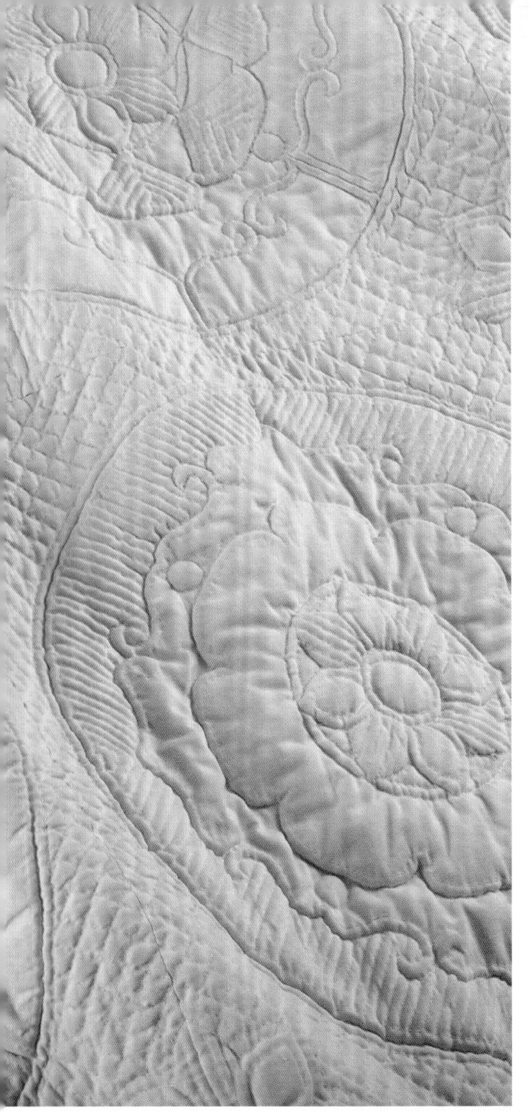

左边和下方的图片展示了区块设计的区别。背景以间距1cm的交叉斜线压线。当四个区块相接时，相接部位重复出现中心图案的“花朵”，这些“花朵”花瓣上交互的通道有助于接缝的隐藏

旋转

▸ 229cm×290cm，安妮·萨默海斯制作

安妮购买了这块有趣的蓝色和奶油色条纹布料后就开始制作这个绗缝被了。这件作品以德勒斯登圆盘设计为出发点，但是这些条纹被证明是一个噩梦，因为它们整体布满了随机的波纹图案。当开始组合时，它们看起来非常混乱且布料的可用性极其有限，这种情况常常会出现在所有的绗缝布料上。我的解决方案是复印其中的一些布料，然后使用透明模板，从设计图纸上完全相同的区域选择性地裁剪出每一个圆盘部分。这种方法能使我们看到最后的拼布效果，它看起来不那么乱了。这种方法虽然成效显著，但是耗时多还浪费了很多布料，最终才得到六个圆盘图案，因此我建议使用我的“象牙白色的灵感”图样，经过变形来制作剩下的区块。安妮接受了我的建议，分别制作出每一个区块，再用细绳穿过滚边布环扣襻将它们连接在一起，看起来特别像紧身胸衣。最终这变成了一个单独的绗缝被的“被面”，借助用剩余条纹布制作的包扣系在背景被上。背景被围绕着中央区域简单地绗缝了一圈连在一起的正方形。条纹圆盘看起来似乎在旋转和跳动，非常像20世纪60年代的“欧普艺术”。这个作品内部的边框是六角风琴式设计，用颜色相配的素蓝色布料和剩下的条纹布料制作而成。最外侧的边框组合利用了所有剩余的布料。这件作品同时使用了手缝和机缝缝制，并用手工压线。

每一个完工的边长46cm的正方形区块上都制作了20个滚边布环扣襻

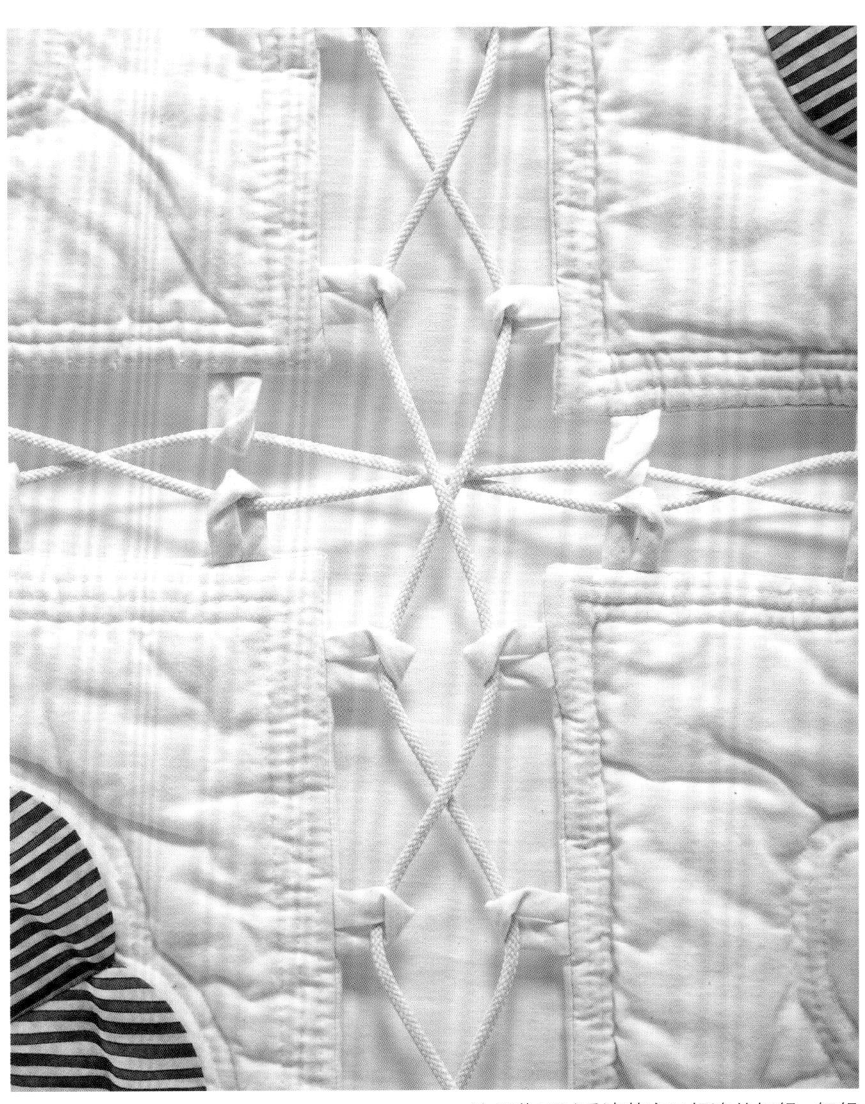
这里你可以看清楚交叉相连的细绳。细绳在每一排的末端系成蝴蝶结。细绳端头各缝上了一小块装饰性条纹布料来防止脱线

边框的两侧都进行了“镶边”——一条非常窄的素蓝色布条，将其嵌入至缝份，既为作品增加了一抹色彩，但又不必增加绗缝被的尺寸。这和嵌绳很像，但是里面没有绳子

灵感进阶

接下来的页面展示了一组我设计制作的作品，用以说明其他技法的使用创意。你可以试着动手做一做。

山茶花抱枕

▶ 41cm×41cm

用奶油色纺缝棉布（平纹细布）制作，这个抱枕的图案缝制和压线都使用了奶油色机缝丝光棉线。早春时节总是意味着绚烂的花朵和色彩，这是个可喜的变化，预示着告别了漫长而灰暗的冬天。我特别喜欢山茶灌木那亮粉色的双生花，并据此设计了这个抱枕。最后的压线制作出了这些花朵特有的多层次效果。

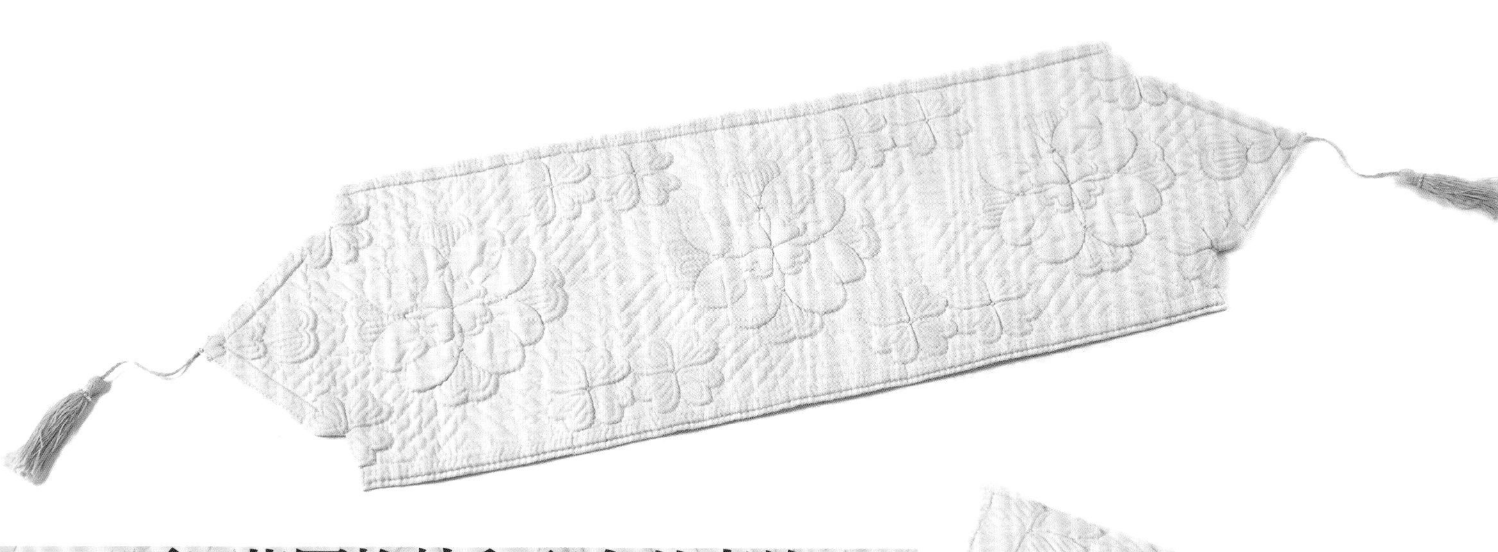

夏日花园抱枕和配套的桌旗

▶ 抱枕：46cm×46cm
桌旗：104cm×33cm

抱枕的边框和桌旗的背景都是回波状压线。两个作品上的花芯处用小珍珠装饰，桌旗的异形两端用手工做的流苏、绳子和珠子装饰。它们都是用奶油色纺缝棉布（平纹细布）制作的。

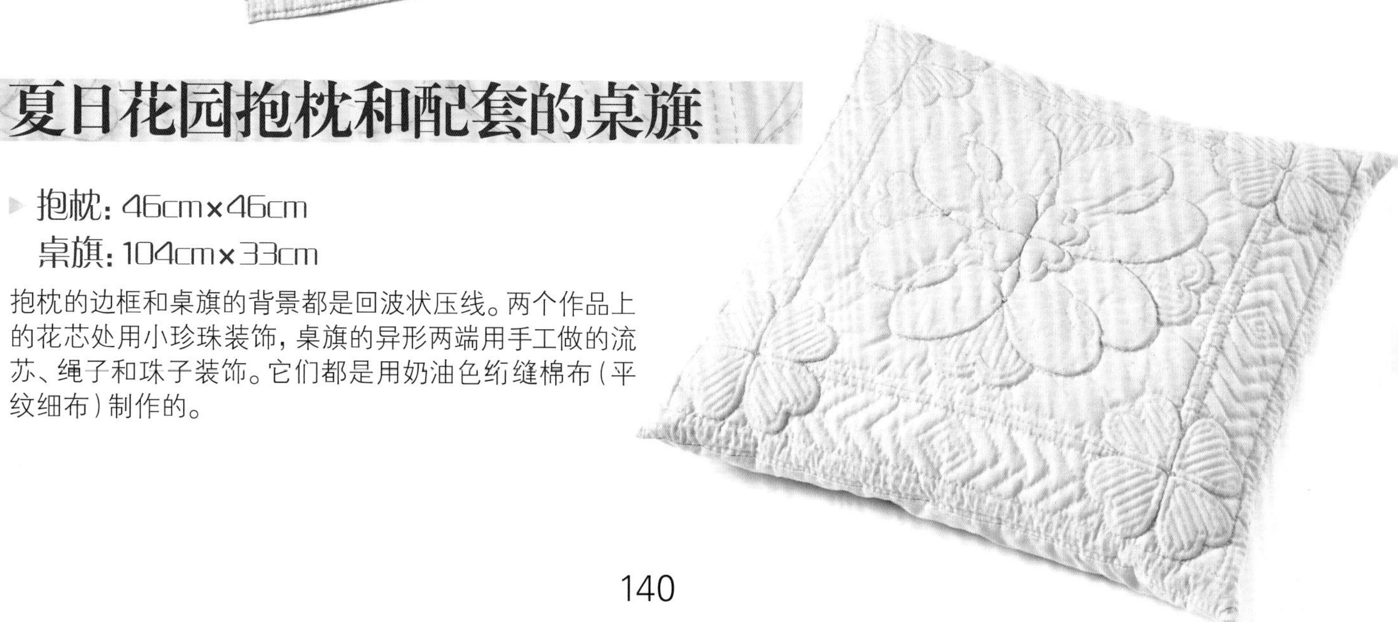

《第六感》相框画

▲ 一套三个，每个30cm×30cm

在看超自然恐怖片《第六感》时，我注意到一个场景：主人公布鲁斯·威利斯和海利·乔·奥斯蒙特在教堂里一扇大大的装饰窗前交谈。这里一个有趣的图案引起了我的注意，因为我手边总是带着笔记本，就画了一幅轮廓速写。随后我又画了几幅线条有些不同的草图，从而创作出了这三个图案。所有作品都是用奶油色纺缝棉布（平纹细布）制作的。

《第六感》针插

◀ 每个13cm×13cm

这三个针插用奶油色纺缝棉布（平纹细布）制作，图案是上面相框画的三个图案按比例缩小的版本。针插是用来尝试一些你可能不熟悉的新技法的理想选择。

情人节抱枕

▶ 43cm×43cm

这个白色纺缝棉布（平纹细布）抱枕用红色线以平针缝和回针缝缝制主图，用白色线压线，一些细节用红色线压线。使用红色线突出情人节主题。有了环绕在抱枕外边缘的平行嵌线，就不再需要添加滚边了。

夜蛾抱枕

▶ 28cm×25cm

这个小的闪光丝绸抱枕用的是浮雕技法可以使用的最暗的色调，再暗的话阴影效果将会消失。中央背景用了单线种子绣针法装饰，而双线种子绣针脚散落在剩余的背景区域，这些都用银色金属线缝制。

飞虫抱枕

◀ 46cm×46cm

蝴蝶图案用不同颜色的涤纶线和丝光棉线缝制。它与上面的夜蛾抱枕形成鲜明对比。我设计的所有作品都适用于用彩色线缝制和用与背景布料匹配的同色线缝制两种方式。主图以平针缝和回针缝缝制，并进行落针压线。双线种子绣在最后步骤添加，缎面珠绣针法用于制作虫子的触角；以回针缝缝制毛毛虫和植物的卷须。

圣诞玫瑰针插

▶ 13cm×13cm

图案用不同颜色的线以回针缝缝制。用双十字星绣针法缝制星形图案，并用金属线以法国结粒绣进行装饰。最后用珠子和冷粘半珠共同装饰这个节日作品。这个图案还可以用来制作圣诞树的装饰：不用填充，挂装在结实的塑料上并在一角添加一个缎带挂环。

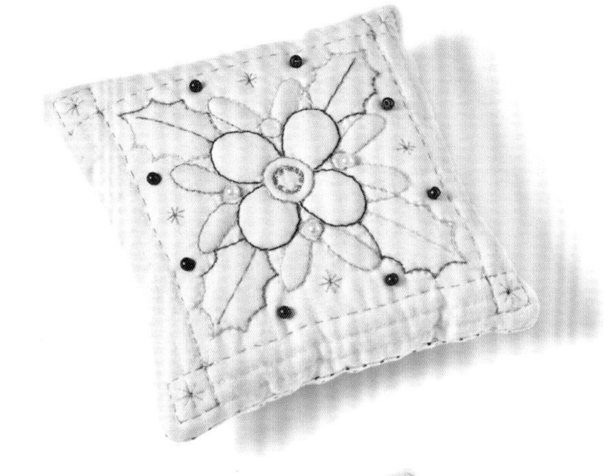

60年代复古弧线抱枕

▶ 41cm×41cm

我在20世纪60年代为一块机绣蕾丝设计了这个图案。原始设计是边长15.25cm的正方形。当我重新审视它时，我决定把它放大做成你在这里看到的抱枕。抱枕用奶油色纤缝棉布（平纹细布）制作，以平针缝缝制，进行落针压线，将双十字珠绣针法运用在背景区域。

苏门答腊抱枕

◂ 41cm×41cm

这个设计的灵感部分来源于一个苏门答腊的室内装饰木雕，还有一部分来源于我从20世纪70年代一直保存至今的一个小礼物袋。我习惯将所有我发现的有趣的东西都保存下来。我把最后的想法通过镜像复制做成对角图案相同的设计，画在奶油色纺缝棉布（平纹细布）上。抱枕的图案用平针缝和回针缝缝制，还在上面添加了珠子装饰。

小橡子抱枕

▸ 41cm×41cm

这个图案起源于我讲电话时画的一幅涂鸦。把图案放大以后，我开始只是把它缝制在30cm×30cm的抱枕布块中心，但是我觉得抱枕需要再加大，就以斜接的方式添加了6cm宽的边条。把橡树叶图案缝制在角落，就可以通过作为图案一部分的叶脉掩藏接缝。这个作品混合了多种技法和装饰，我还使用了卷线绣来点缀橡子的细节。

小橡子针插

▸ 13cm×13cm

与小橡子抱枕配套的小橡子针插是最初的抱枕中心的缩小版。由于缩小得太多，我使用回针缝缝制，这样才不会丢失细节，我还用了格子钉线绣针法来表现橡碗。

荷包牡丹马甲

◂ 英国尺码10~12号

荷包牡丹“紫色极光”是我创作这个设计的灵感来源，连续的图案从前到后流动贯穿在马甲上。它用一块奶油色纺缝棉布（平纹细布）制作，带滚边，肩部用古董扣系住进行连接，用扭缠的滚边布条制作前襟纽扣的扣襻。流苏是选配的：将它们系在纽扣上，这样也容易去掉。用裂线绣缝制雄蕊，将小珍珠纽扣和小珠子点缀在图案上。衬里用匹配的野蚕双宫丝制作。将马甲展开铺平时，看起来就变成了一个有趣的壁饰（参见第144页）。

RAISED QUILT AND STITCH by Sylvia Critcher
First published in 2016
Search Press Limited
Wellwood, North Farm Road,
Tunbridge Wells, Kent TN2 3DR

Photographs by Roddy Paine Photographic Studio

Illustrations by Michael Yeowell at Blue Rabbit

备案号：豫著许可备字 -2016-A-0115

图书在版编目（CIP）数据

立体白玉绗缝技法全书/（英）希尔维亚·克莉切特著；Miss葵译. —郑州：河南科学技术出版社，2019.1
ISBN 978-7-5349-9365-7

Ⅰ.①立… Ⅱ.①希… ②M… Ⅲ.①缝纫—基本知识 Ⅳ.①TS941.634

中国版本图书馆CIP数据核字（2018）第220446号

出版发行：河南科学技术出版社
地址：郑州市经五路66号　　邮编：450002
电话：（0371）65737028　65788613
网址：www.hnstp.cn
策划编辑：李　洁
责任编辑：孟凡晓
责任校对：金兰苹
封面设计：张　伟
责任印制：张艳芳
印　　刷：北京盛通印刷股份有限公司
经　　销：全国新华书店
开　　本：889 mm × 1 194 mm　1/16　印张：9　字数：310千字
版　　次：2019年1月第1版　2019年1月第1次印刷
定　　价：98.00 元

如发现印、装质量问题，影响阅读，请与出版社联系并调换。

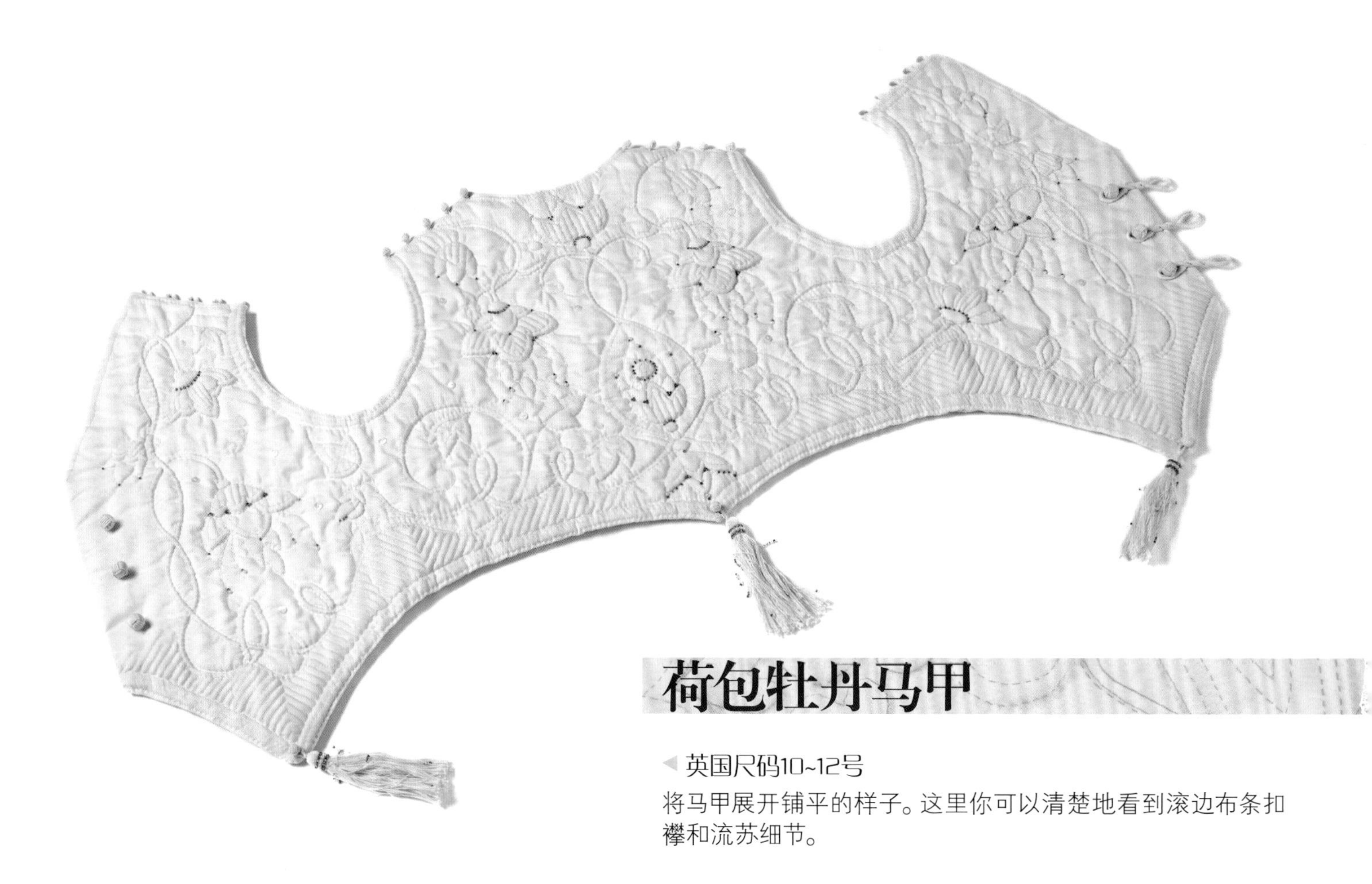

荷包牡丹马甲

英国尺码10~12号
将马甲展开铺平的样子。这里你可以清楚地看到滚边布条扣襻和流苏细节。